航天型号可编程逻辑器件软件验证技术与实践

祝 宇 董冠涛 刘 伟 编著

中国宇航出版社

·北京·

图书在版编目(CIP)数据

航天型号可编程逻辑器件软件验证技术与实践 / 祝宇，董冠涛，刘伟编著 . -- 北京：中国宇航出版社，2019.12

ISBN 978 - 7 - 5159 - 1713 - 9

Ⅰ. ①航… Ⅱ. ①祝… ②董… ③刘… Ⅲ. ①航天—可编程序逻辑阵列—应用软件工程 Ⅳ. ①V4 - 39

中国版本图书馆 CIP 数据核字(2019)第 236979 号

责任编辑　舒承东		封面设计　宇星文化	

出版
发行　**中国宇航出版社**

社　址	北京市阜成路8号　**邮　编**　100830	**版　次**	2019 年 12 月第 1 版
	(010)60286808　　(010)68768548		2019 年 12 月第 1 次印刷
网　址	www.caphbook.com	**规　格**	787×1092
经　销	新华书店	**开　本**	1/16
发行部	(010)60286888　　(010)68371900	**印　张**	13.75
	(010)60286887　　(010)60286804(传真)	**字　数**	335 千字
零售店	读者服务部　　　　(010)68371105	**书　号**	ISBN 978 - 7 - 5159 - 1713 - 9
承　印	天津画中画印刷有限公司	**定　价**	68.00 元

本书如有印装质量问题，可与发行部联系调换

前　言

可编程逻辑器件已广泛应用于航天型号，飞行控制、雷达、基带信号处理、遥测遥控、图像处理、伺服、加解密等领域的关键设备中都有它的身影。从最基本的逻辑控制到复杂的信号处理，从 GAL、PAL 到 CPLD，再到 FPGA，从商业级芯片到宇航级芯片，从进口器件到国产器件，航天型号应用已基本涵盖了可编程逻辑器件的所有种类。可编程逻辑器件已经成为航天型号不可或缺的重要器件。

航天型号的特殊性要求，决定了软件测试是其研制过程中的关键环节，软件测试结论是支撑型号转阶段或定型鉴定的重要依据。随着可编程逻辑器件软件在型号中扮演的角色越来越重要，其受关注的程度也在不断提高。航天型号中将可编程逻辑器件软件作为单独软件配置项进行管理已有近 20 年的时间，这些年来，航天型号的发射有成功也有失败，在失败的案例中有软件问题也有硬件问题，我们从中积累了大量的工程经验。

航天型号从立项开始就引入了质量的概念，在方案论证、需求分析阶段，进行了结构划分、功能分解等，确保了需求分析质量；在研制阶段，引入第二方内部测试、第三方外部测试、配置管理、质量保证等，确保了研制质量；在定型/鉴定阶段，进行定型/鉴定测评、用户试用等，确保了交付质量。总之，一切措施和手段都是为了保证航天型号的质量。

同样，本书的编写也是着眼于航天型号的质量。本书系统地论述了可编程逻辑器件软件：从研制阶段的研制流程要求，到可编程逻辑器件的软件测试要求；从源代码的规范性测试技术到功能级仿真，再到网表级功能和时序验证技术；从代码级的设计经验总结到功能级、时序级典型问题分析总结。这些都是我们从大量工程实践中积累而来的宝贵财富。

第 1 章简要介绍了可编程逻辑器件的原理及内部结构，同时介绍了其在航天型号中的应用及国产化现状。

第 2 章介绍了航天型号可编程逻辑器件软件开发技术要求及过程管理。

第 3 章详细说明了航天型号可编程逻辑器件软件总体验证要求，每种验证类型须覆盖的测试点及验证流程。

第 4 章详细说明了在可编程逻辑器件软件中采用的验证技术，并举例说明了每种验证技术的验证方法及注意事项。

第 5 章通过典型实践，从需求出发，运用前述验证方法和技术进行全流程验证，并给出了问题报告的示例、回归验证的影响域分析方法和验证总结中须包含的内容。

第 6 章结合多年的可编程逻辑器件软件验证经验，归纳总结出可编程逻辑器件软件编程规范、安全可靠性设计、时序约束和典型问题集，用于指导可编程逻辑器件软件设计与验证工作。

本书既有对基础理论知识的专门讲解，也有非常详细的实例演练和总结，更多地是在实践中传递实用的技巧和方法。本书的内容覆盖了可编程逻辑器件软件验证过程全流程，非常适合广大可编程逻辑器件软件设计者、验证者以及研制管理者，也可作为可编程逻辑器件软件相关专业的教学用书。

在本书的编写过程中，引入了大量参考文献，不少资料来自 Xilinx 公司和 Altera 公司的使用手册和芯片介绍以及同行业的科研成果，对此表示衷心的感谢。感谢中国航天科技集团有限公司软件评测中心的张硕、滑海、崔强强、曹建勋、李亚、李振国、郭栋参与编制开发流程、验证技术与实践、安全可靠性设计、典型问题等内容，感谢飞航软件测评中心的陈鹏、季微微、贺丽红、张骢、李春静参与编制软件验证要求和流程及安全编码规则等内容。感谢张幼春、孙凤丽、贾之楠对本书的出版给予的大力支持。

由于作者水平有限，书中难免有疏漏之处，敬请专家和读者批评指正。

作　者

2019 年 11 月

目　录

第 1 章 可编程逻辑器件概述

可编程逻辑器件（Programmable Logic Device，PLD）出现于 20 世纪 70 年代，是一种半定制逻辑器件，它给数字系统的设计带来了革命性的变化。PLD 大致经历了 PROM、PLA、PAL、GAL、EPLD、CPLD 和 FPGA 的发展过程[1]，集成度实现了从低到高、功能实现了从简单到复杂的跨越。目前在航天型号中，CPLD 和 FPGA 在雷达、图像、通信、控制等领域大量应用，其软件质量对航天型号功能、安全性、可靠性起着非常重要的作用。本章针对可编程逻辑器件的工作原理和内部结构、软件开发环境及工艺特点、在航天型号中的应用和国产化现状进行介绍。

1.1 可编程逻辑器件的工作原理和内部结构

CPLD 和 FPGA 作为可编程逻辑器件在航天型号中的应用最为典型，下面分别对 CPLD 和 FPGA 的工作原理及内部结构进行介绍。

1.1.1 CPLD 工作原理及内部结构

CPLD（Complex Programmable Logic Device，复杂可编程逻辑器件）是从 PAL 和 GAL 器件发展而来的器件，相对而言规模大，结构复杂，属于大规模集成电路。CPLD 是一种用户根据各自需要而自行构造逻辑功能的数字集成电路。其基本设计方法是借助集成开发软件平台，用原理图、硬件描述语言等方法，生成相应的目标文件，通过下载电缆（"在系统"编程）将代码传送到目标芯片中，实现设计的数字系统。

CPLD 由可编程逻辑的功能块围绕一个可编程互联矩阵构成，由固定长度的金属线实现逻辑单元之间的互连，并增加了 I/O 控制模块的数量和功能。CPLD 的基本结构由可编程逻辑阵列（Logic Array Blocks，LAB）、可编程连线资源（PIA）和输入/输出控制块（I/O Control Blocks）等三部分组成。

（1）可编程逻辑阵列

可编程逻辑阵列由若干个可编程逻辑宏单元（Logic Macro Cell，LMC）组成，LMC 内部主要包括与阵列、或阵列、可编程触发器和多路选择器等电路，能独立地配置为时序或组合工作方式。

（2）可编程连线资源

CPLD 内部所有的宏单元连接都要通过可编程连线资源（PIA）。PIA 可以看做是 CPLD 内部的全局总线，通过编程可以实现内部任意两个资源位置的连接。开发完成并将文件烧写到 CPLD 后，PIA 就完成了编程连接的任务。

（3）输入/输出控制块

输入/输出控制块负责输入/输出的电气特性控制。CPLD 可以对每个管脚单独进行配置，根据实际应用情况，可配置管脚为输入口、输出口或双向口。输出口可以设置为集电极开路输出、三态输出等。

1.1.2　FPGA 工作原理及内部结构

FPGA（Field Programmable Gate Array，现场可编程门阵列）是作为 ASIC 领域中的一种半定制电路而出现的，既解决了定制电路的不足，又克服了原有可编程器件门电路有限的缺点。

目前主流 FPGA 都采用了基于 SRAM 工艺的查找表结构，也有一些军用级和宇航级 FPGA 采用 Flash 或者熔丝与反熔丝工艺的查找表结构，通过烧写文件改变查找表内容的方法可实现对 FPGA 的重复配置。

查找表（Look‑Up‑Table）简称 LUT，它本质上就是一个 RAM。目前 FPGA 中多使用 4 输入的 LUT，所以每一个 LUT 可以看成一个有 4 位地址线的 RAM。当用户通过原理图或 HDL 描述了一个逻辑电路以后，FPGA 开发软件会自动计算逻辑电路的所有可能结果，并把真值表（即结果）事先写入 RAM，这样，每输入一个信号进行逻辑运算就等于输入一个地址进行查表，找出地址对应的内容，然后输出即可。

由于基于 LUT 的 FPGA 具有很高的集成度，其器件密度从数万门到数千万门不等，可以完成极其复杂的时序与组合逻辑电路功能，所以适用于高速、高密度的高端数字逻辑电路设计领域。其组成主要有可编程输入/输出单元（Input/Output Blocks，IOB）、可配置逻辑单元（CLB）、数字时钟管理（Digital Clock Managers，DCM）模块、嵌入式块 RAM（BRAM）、丰富的布线资源、底层内嵌功能单元和内嵌专用硬件模块等[2]。

（1）可编程输入/输出单元

可编程输入/输出单元简称 I/O 单元，是 FPGA 与外围电路连接的接口部分，完成对输入/输出信号在不同电气特性下的驱动与匹配要求。FPGA 内的 I/O 按 Bank 分类，每组都分别独立地提供不同的 I/O 电平。通过软件的灵活配置，可适配不同的电气标准与 I/O 物理特性，可以调整驱动电流的大小，改变上、下拉电阻。

（2）可配置逻辑单元

可配置逻辑单元是 FPGA 内的基本逻辑单元。CLB 的实际数量和特性会依器件的不同而不同，但是每个 CLB 都包含一个可配置开关矩阵，此矩阵由 4 或 6 个输入、一些选型电路（多路复用器等）和触发器组成。开关矩阵是高度灵活的，可以对其进行配置以便处理组合逻辑、移位寄存器或 RAM。在 Xilinx 公司的 FPGA 器件中，CLB 由多个（一般为 4 个或 2 个）相同的 Slice 和附加逻辑构成。

（3）数字时钟管理模块

数字时钟管理模块是 FPGA 的重要组成部分，采用完全数字延迟线技术，允许高精度地控制时钟的相位和频率，由于使用了数字反馈系统，可以动态补偿由于温度和电压偏移引起的时钟相位和频率偏移。通过调用专用的 IP 核可以方便地对输入时钟进行倍频、分频、移相，建立可靠的系统时钟。

（4）嵌入式块 RAM

大多数 FPGA 都具有内嵌式块 RAM，这大大拓展了 FPGA 的应用范围和灵活性。块 RAM 可被配置为单端口 RAM、双端口 RAM、内容地址存储器（CAM）以及 FIFO 等常用存储结构。CAM 在其内部的每个存储单元中都有一个比较逻辑，写入 CAM 中的数据会和内部的每一个数据进行比较，并返回与端口数据相同的所有数据的地址，因而在路由的地址交换器中有广泛的应用。除了块 RAM，还可以将 FPGA 中的 LUT 灵活地配置成 RAM、ROM 和 FIFO 等结构。在实际应用中，芯片内部块 RAM 的数量也是选择芯片的一个重要因素。

（5）丰富的布线资源

布线资源连通 FPGA 内部的所有单元，而连线的长度和工艺决定着信号在连线上的驱动能力和传输速度。FPGA 芯片内部有着丰富的布线资源，根据工艺、长度、宽度和分布位置的不同而划分为 4 个不同的类别。第一类是全局布线资源，用于芯片内部全局时钟和全局复位/置位的布线；第二类是长线资源，用以完成芯片 Bank 间的高速信号和第二全局时钟信号的布线；第三类是短线资源，用于完成基本逻辑单元之间的逻辑互连和布线；第四类是分布式的布线资源，用于专有时钟、复位等控制信号线。

在实际工作中设计者不需要直接选择布线资源，布局布线器可自动地根据输入逻辑网表的拓扑结构和约束条件选择布线资源来连通各个模块单元。从本质上讲，布线资源的使用方法和设计的结果有直接、密切的关系。

（6）底层内嵌功能单元

内嵌功能单元主要指 DLL（Delay Locked Loop）、PLL（Phase Locked Loop）、DSP 和 CPU 等软处理核（Soft Core）。现在越来越丰富的内嵌功能单元，使得 FPGA 芯片不仅具备了软件和硬件协同设计的能力，而且也使 FPGA 逐渐成为系统级的设计工具，向片上系统（System on Chip，SOC）方向发展。此外，DLL 和 PLL 模块也大大地简化了时钟倍频和分频的过程，提高了时钟精度、降低了时钟抖动。

（7）内嵌专用硬核

内嵌专用硬核是相对底层嵌入的软核而言的，指 FPGA 处理能力强大的硬核（Hard Core），等效于 ASIC 电路。为了提高 FPGA 的性能，芯片生产商在芯片内部集成了一些专用的硬核。例如：为了提高 FPGA 的乘法速度，主流的 FPGA 中都集成了专用乘法器；为了适用通信总线与接口标准，很多高端的 FPGA 内部都集成了串并收发器（SERDES），可以达到数十 Gbps 的收发速度。Xilinx 公司的高端产品不仅集成了 Power PC 系列 CPU，还内嵌了 DSP Core 模块，其相应的系统级设计工具是 EDK 和 Platform Studio，并依此提出了片上系统（SOC）的概念。通过 Power PC、Miroblaze、Picoblaze 等平台，能够开发标准的 DSP 处理器及其相关应用，达到 SOC 的开发目的。

1.2 可编程逻辑器件软件开发环境及工艺特点

目前，在航天型号软件中采用的可编程逻辑器件主要有 Xilinx、Altera（已被 Intel 收购）、ACTEL、Lattice 的产品和部分国产器件。其中 Xilinx 和 Altera 的器件应用得最多，ACTEL 的器件主要用在空间产品中，Lattice 的器件一般为 CPLD，包括少量的 GAL 和 PAL。针对不同公司的可编程逻辑器件，其开发环境也不相同，可编程逻辑器件与开发环境的对应关系见表 1-1。

表 1-1　可编程逻辑器件与开发环境

器件厂商	Xilinx	Altera	ACTEL	Lattice
开发环境	ISE/Vivado	QuartusⅡ	Libero	isplever

在实际开发过程中，综合过程有可能存在采用第三方综合工具的情况，例如采用 Synopsys 公司的 Synplify 综合工具、Mentor 公司的 Precision 综合工具。

根据可编程逻辑器件制造工艺不同，可编程逻辑器件可分为 SRAM 型、Flash 型和反熔丝型。

（1）基于 SRAM 的器件

上电时须将配置数据读入片内 SRAM 中，配置完成就可进入工作状态。掉电后 SRAM 中的配置数据丢失，FPGA 内部逻辑关系随之消失。这种基于 SRAM 的 FPGA 可以反复使用，Xilinx 和 Altera 的大部分器件均属于此种类型。

（2）基于 Flash 的器件

这类器件中集成了 SRAM 和非易失性 EEPROM 两类存储结构。其中 SRAM 用于在器件正常工作时对系统进行控制，而 EEPROM 则用来装载 SRAM。由于这类 FPGA 将 EEPROM 集成在基于 SRAM 工艺的现场可编程器件中，因而可以充分发挥 EEPROM 的非易失特性和 SRAM 的重配置性。掉电后，配置信息保存在片内的 EEPROM 中，因此不需要片外的配置芯片，有助于降低系统成本、提高设计的安全性。例如 ACTEL 的 Fusion 系列、ProASIC 3 系列 FPGA，适合航天、军事和工业等领域。

（3）反熔丝型器件

采用反熔丝编程技术的器件内部具有反熔丝阵列开关结构，其逻辑功能的定义由专用编程器根据设计实现所给出的数据文件，对其内部的反熔丝阵列进行烧录，从而使器件实现相应的逻辑功能。这种器件的缺点是只能一次性编程，优点是具有高抗干扰性和低功耗，适合要求高可靠性、高保密性的定型产品。

针对不同工艺的可编程逻辑器件，其特点比较见表 1-2。

表 1-2　可编程逻辑器件特点比较

FPGA 种类	SRAM 型 FPGA	反熔丝型 FPGA	Flash 型 FPGA
是否多次编程	可以多次编程	只能一次编程	可以多次编程

续表

FPGA 种类	SRAM 型 FPGA	反熔丝型 FPGA	Flash 型 FPGA
易失性	断电时丢失	断电时不丢失	断电时不丢失
是否需配置芯片	需要	不需要	不需要
抗干扰性、保密性	低	高	高
基于结构	基于 SRAM 的查找表结构	反熔丝阵列开关结果	集成 SRAM 和 EEPROM 两类结构

1.3　可编程逻辑器件在航天型号中的应用

1.3.1　高速通信

高速通信主要是用 FPGA 处理高速接口的协议，并完成高速的数据收发和交换。这类应用通常要求采用具备高速收发接口的 FPGA，同时要求设计者懂得高速接口电路设计和高速数字电路板级设计，具备 EMC/EMI 设计知识，以及较好的模拟电路基础知识，需要解决在高速收发过程中产生的信号完整性问题。FPGA 最广泛的应用一直是在通信领域，一方面通信领域需要高速的通信协议处理方式，另一方面通信协议随时在修改，非常不适合做成专门的芯片。因此能够灵活改变功能的 FPGA 就成为首选。到目前为止，FPGA 一半以上的应用是在通信行业。

1.3.2　电子对抗

电子对抗是活跃在现代化战争舞台的新型作战手段，电子对抗技术指以专用电子设备、仪器和电子打击武器系统降低或破坏敌方电子设备的工作效能，同时保护己方电子设备效能的正常发挥。电子对抗的基本手段是电子侦察与反侦察、电子干扰与反干扰、反辐射摧毁与反摧毁、电子欺骗与反欺骗。典型的雷达、干扰机等都是电子对抗战场上不可或缺的武器装备。

在电子对抗系统中，持续强化的关键驱动因素是电子反干扰措施（ECCM）、隐身技术、紧密互联的智能传感器网络和智能制导武器。这些系统必须能够在很短的时间内快速分析和应对多种威胁。在试图从宽带噪声中找到目标签名的过程中，工程师们正在寻求可执行复杂处理［如快速傅里叶变换（FFT）、Cholesky 分解和矩阵乘法等］的方法。然后，由多个软件生成波形进行传输以提供虚假目标，强大的宽带信号可提供全面覆盖能力。这些移动式战术响应需要敏捷、高性能的处理能力。欺骗式干扰机接收敌方的侦察电磁信号，内部加工后输出，欺骗敌方电子设备。为了具备欺骗性，从接收识别到发送干扰具有严格的时间限制，FPGA 对数据的高速并行流水线处理能力使得高复杂度的数字处理算法可以短时间内在 FPGA 中完成计算，干扰计算完成后输出加工好的电磁干扰信号来达到干扰敌方侦察设备的效果。

同时 FPGA 一直是雷达信号处理不可分割的组成部分。雷达系统通常需要完成大量具有高度重复性的实时计算，FPGA 可以利用硬件乘法器、片内存储器、逻辑单元等特有的硬件结构和流水处理技术，高速完成 FFT、FIR、复数运算、三角函数运算、矩阵运算等。FPGA 通常用于雷达信号的前端定点数字信号处理，而 CPU 用于后端的浮点数字信号处理。随着雷达系统的处理能力越来越强，对信息的处理需求也急剧增长，FPGA 也在不断提高处理能力和吞吐量，目前高性能 FPGA 已经具备每秒 1 万亿次浮点运算能力，即 1TFLOP。在很多情况下，FPGA 在算法和数据规模上超过了 GPU 的吞吐量，足以胜任浮点处理工作，成为后端雷达处理器件的有力竞争者。

1.3.3　数字图像处理

数字图像处理技术一般是通过对像素进行一些运算来提高图像质量，对实时性的要求较高，而图像处理又往往是系统中最为耗时的环节，对整个系统的速度影响较大。

在传统的数字图像处理电路中通常采用 FPGA＋DSP 的架构，利用 FPGA 的灵活性完成图像的数字采集和预处理，DSP 则负责整体指令调度、功能控制、数字运算等。

随着 FPGA 的性能发展，情况正逐渐发生变化，FPGA 在图像压缩、拼接、分割、融合以及视频影像的实时处理等方面有了较大的发展，特别是在提高计算速度上，FPGA 正成为数字图像处理的核心芯片。在当前图像处理算法研究比较成熟的背景下，提高图像处理的时效性具有很大的应用前景。由于图像中的所有元素均可施以同样的操作，存在固有的并行属性，非常适合映射到 FPGA 架构中由硬件算法实现，这样做可以使得图像的处理速度大大加快。对于数字图像处理，底层图像处理的数据量很大，要求处理速度快，但运算结果相对简单，以 FPGA 作为主要处理芯片的图像处理系统非常适合对图像进行处理。

1.3.4　逻辑接口

在航天型号产品中，很多情况下需要与处理器进行数据通信。比如，将采集到的数据送给处理器处理，或者将处理后的结果传给处理器进行显示等。处理器与外部系统通信的接口比较丰富，有 ISA、PCI、PCI Express、PS/2、USB 等。传统的设计中往往需要专用的接口芯片，比如 PCI 接口芯片。如果需要的接口比较多，就需要较多的外围芯片，体积、功耗都比较大。采用 FPGA 的方案后，接口逻辑都可以在 FPGA 内部实现，大大简化了外围电路的设计。

同时，存储器在航天型号中得到了广泛的应用，例如 SDRAM、SRAM、Flash 等。这些存储器都有各自的特点和用途，合理地选择储存器类型可以实现产品的最佳性价比。由于 FPGA 的功能可以完全自己设计，因此可以很容易实现具有各种存储接口的控制器。

1.3.5　信息安全

有线和无线通信系统除了要满足高速的数据带宽，还要面临安全加解密算法的挑战，强大的加解密是在不断增加的数据吞吐率中确保通信和数据安全的关键。FPGA 具有高速度、并行处理架构的特点，可广泛地应用在信息安全系统的加解密算法实现中。

1.4　可编程逻辑器件国产化现状

近年来全球 FPGA 市场规模基本在 50 亿～60 亿美元，应用市场主要为传统通信市场，云计算、IoT 等新兴市场尚在培育期。技术方面，近十年 FPGA 没有根本性的进步，行业垄断已经形成。我国的 FPGA 市场国产化率非常低，国产应用率不足 30%，还有很大的提升空间，商用市场国产化率更低。下面介绍几家国内 FPGA 厂商的现状。

（1）紫光国芯微电子股份有限公司（简称紫光国微）

紫光国微专注于集成电路芯片设计开发业务，是领先的集成电路芯片产品和解决方案提供商，在智能安全芯片、高稳定存储器芯片、安全自主 FPGA、功率半导体器件、超稳晶体频率器件等核心业务领域已形成领先的竞争态势和市场地位。紫光国微生产的可编程逻辑芯片主要有：Logos 系列 FPGA、Titan 系列 FPGA 以及 Compact 系列 CPLD。同时紫光国微还推出了 Pango Design Suite FPGA 开发软件。

Logos 系列拥有 15 K～50 K 的可编程逻辑单元，内嵌 DDR3 硬核，支持 1.25 Gbps LVDS、MIPI D - PHY 等接口，支持 RAM 软错误检测与纠错功能。

Titan 系列可编程逻辑资源最高达 18 万个，拥有创新的可配置逻辑单元（CLM）、专用的 18 Kb 存储单元（DRM）、算术处理单元（APM）、高速串行接口模块（HSST）、多功能高性能 I/O 以及丰富的片上时钟资源等模块，支持 PCIE 1.0/2.0、DDR3、以太网等高速接口。

Compact 系列拥有 1 K～7 K 可编程逻辑单元，支持 MIPI、LVDS、I2C、SPI、OSC、RAM、PLL 等丰富接口，支持 RAM 软错误检测与纠错功能，功能丰富、竞争力强，可替代业界现有的所有 3.3 V CPLD、低功耗 FPGA 产品。

（2）西安智多晶微电子有限公司（简称智多晶微电子）

智多晶微电子目前已实现 55 nm、40 nm 工艺中密度 FPGA 的量产，并有针对性地推出了内嵌 Flash、SDRAM 等集成化方案产品，主要有 Seal 5000 系列、Sealion 2000 系列和 Seagull 1000 系列 FPGA。

（3）广东高云半导体科技股份有限公司（简称高云半导体）

高云半导体以国产 FPGA 研发与产业化为核心，旨在推出具有核心自主知识产权的民族品牌 FPGA 芯片，提供集设计软件、IP 核、参照设计、开发板、定制服务等一体化完整解决方案。高云半导体生产的可编程逻辑芯片主要有：晨熙家族 GW2A 系列 FPGA 和小蜜蜂家族 GW1N 系列、GW1NR 系列、GW1NS 系列、GW1NZ 系列 FPGA。

GW2A 系列 FPGA 内部资源丰富，支持多种 I/O 接口标准，具有高性能的 DSP 资源、高速 LVDS 接口以及丰富的 BSRAM 存储器资源，这些内嵌的资源搭配精简的 FPGA 架构以及 55 nm 工艺使 GW2A 系列 FPGA 产品适用于高速、低成本的应用场合。同时提供面向市场自主研发的新一代 FPGA 硬件开发环境，支持 GW2A 系列 FPGA 产品，能够完成 FPGA 综合、布局、布线、产生数据流文件及下载等一站式工作。

高云半导体小蜜蜂（Little Bee）家族有 GW1N 系列、GW1NR 系列、GW1NS 系列、GW1NZ 系列 FPGA，具有低功耗、瞬时启动、低成本、非易失性、高安全性、封装类型丰富、使用方便灵活等特点。

（4）上海安路信息科技有限公司（简称安路科技）

安路科技专注于为客户提供高集成度、高性价比的可编程逻辑器件、可编程系统级芯片、定制化可编程芯片及相关软件设计工具和创新系统解决方案。其产品分为三个系列：高端 Phoenix（凤凰）、中端 Eagle（猎鹰）、低端 ELF（小精灵）。

Eagle 系列 FPGA 是安路科技推出的"猎鹰"系列产品，采用 55 nm 工艺，具有低功耗、低成本、高性能等特点。其包含丰富的 LUT、DSP、BRAM、高速差分 IO 等资源，支持 1 Gbps 高速 LVDS 接口、16 路高性能全局时钟，具有强大的引脚兼容替换性能，在工业控制、通信接入、显示驱动等领域可有效帮助用户提升性能、降低成本。

ELF2 系列 FPGA 产品是安路科技推出的"小精灵"系列第二代产品，包含内嵌 MCU 的 SOC FPGA 产品。它采用 55 nm 低功耗工艺，支持 1 Gbps 高速 LVDS 接口，内含 500 Mbps 专用异步收发器，具有多功能配置、高性能、内部资源丰富等特点，在视频采集、工业控制、通信等领域具有广泛的适应性。

（5）上海遨格芯微电子有限公司（简称遨格芯微电子，AGM）

AGM 专注于研发自主知识产权的 FPGA 核心软件和硬件技术，已经推出三个系列的 CPLD、FPGA、Programmable SOC 产品并进入量产。AGM 在软件和电路上拥有自主知识产权，在产品方面目前走的是兼容主流大厂及软硬件生态不变的路线，在芯片内部接口兼容主流厂商器件，板级 PCB 可以直接替换并用 AGM 编译软件导入烧写。AGM 生产的可编程逻辑芯片可实现对国外芯片的直接替换。

CPLD 系列，针对 Altera MAX Ⅱ 系列，包括 EPM240T100、EPM570T144、EPM570T100；Mini1K 系列 1K（QFN48），针对 Lattice iCE 系列，提供成本敏感的设计方案；低端 FPGA SOC 系列，针对 Altera Cyclone - Ⅳ EP4CE6、EP4CE10、EP4CE22；高端 FPGA SOC 系列 BlueWind，针对 Xilinx Virtex 系列。

国内还有上海复旦微电子集团股份有限公司、北京微电子技术研究所、西安微电子技术研究所和中电科 58 所在进行 FPGA 设计和生产。

第2章 航天型号可编程逻辑器件软件开发通用要求

2.1 研制技术流程

可编程逻辑器件软件开发过程中，主要包括任务分析、需求分析、设计验证实现、功能验证、综合布局布线、时序验证、编程下载、设计确认、第三方验证、验收、固化和落焊，以及运行维护。这些都属于可编程逻辑器件开发过程中的基本活动内容，具体研制流程如图2-1所示。

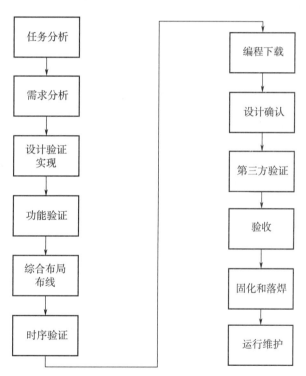

图2-1 可编程逻辑器件软件研制流程图

在研制过程中，可编程逻辑器件软件的技术文档及产物列表见表2-1。

表2-1 可编程逻辑器件软件技术文档及产物列表

序号	过程	文档名称
1	任务分析	可行性及风险分析报告
2		研制任务书

续表

序号	过程	文档名称
3	需求分析	需求规格说明
4	设计验证实现	设计说明
5		工程文件
6		仿真验证计划
7		仿真验证说明
8		仿真验证报告
9		确认测试计划
10		确认测试说明
11		确认测试报告
12	验收	研制总结报告
13	交付	工程文件
14		用户手册
15		版本说明
16	运行与维护	问题/更改报告

2.1.1　任务分析

任务分析是指根据任务需求，进行任务需求分析、必要性分析、可行性分析，形成任务分析报告，下达任务书。一般包括以下要求：

1）分析单机的系统结构、功能、性能需求、工作环境、实际的外部接口时序、可靠性安全性要求等；

2）结合单机任务需求、单机软件、硬件资源等因素，对 FPGA 的功能、性能分配进行综合考虑；

3）调研是否有满足质量等级、成本、设计门数、工作频率、封装等要求的 FPGA 器件与可供选择；

4）明确应遵循的标准、规范；

5）明确编程语言；

6）明确继承性要求；

7）明确 FPGA 产品代号、安全关键等级、研制技术流程和文档要求；

8）明确 FPGA 产品的运行环境；

9）明确 FPGA 产品所使用的 FPGA 芯片规格；

10）提出 FPGA 产品功耗要求；

11）给出所有接口和信号描述，明确上电及复位后接口信号状态和管脚绑定要求；

12）提出各项功能要求及性能要求；

13）明确 IP 核复用要求；

14）识别可靠性要素，提出可靠性与安全性设计要求；

15）提出降额要求；

16）提出产品保证要求；

17）提出研制进度、验收和交付要求；

18）对任务需求项建立独立标识。

在任务分析完成后，应生成对应的任务分析报告和任务书。

2.1.2　需求分析

需求分析是指根据任务书要求，制定开发计划，编写需求规格说明。一般包括以下要求：

1）进行各项风险分析；

2）分析 FPGA 产品实现功能、性能和代码的继承性；

3）确认涉及的设计验证人员、分工和接口；

4）列出阶段时间安排和需提交的阶段成果；

5）确认 FPGA 产品设计、仿真、综合、布局布线工具以及工具之间的接口；

6）确定 FPGA 产品的设计输入方式和 IP 核资源；

7）确认所选用的 FPGA 产品满足质量等级、成本、设计门数、工作频率、封装等要求；

8）需求分解，FPGA 产品设计人员应能根据需求规格说明完成设计工作。

在需求分析完成后，应生成对应的开发计划、需求规格说明、质量保证计划和配置管理计划。

2.1.3　设计验证实现

设计验证实现过程中包括多个设计阶段，包括概要设计阶段、详细设计阶段、代码实现阶段、验证计划阶段和建立验证环境阶段。

2.1.3.1　概要设计

概要设计是指根据需求规格说明进行功能分解，模块划分，定义模块的功能、接口和相互关系等。一般包括以下要求：

1）制定包括数据流和控制流的方框图，定义所有外部信号和模块之间的互联关系；

2）完成时钟域划分以及制定时钟产生策略；

3）识别异步接口信号和跨时钟域信号并给出处理方法；

4）完成内部协议设计；

5）完成每个模块的功能、接口和原理设计。

在概要设计完成后，应生成对应的概要设计报告。

2.1.3.2 详细设计

详细设计是指根据概要设计报告进行详细设计、编写设计报告相关内容并编写使用说明相关内容。一般包括以下要求：

1）进行可靠性与安全性设计；

2）简单时序逻辑模块在于完成寄存器及其次态逻辑生成设计；

3）复杂控制模块一般采用状态机设计；

4）复杂运算模块应考虑流水设计。

在详细设计完成后，应生成对应的设计报告和使用说明。

2.1.3.3 代码实现

代码实现是指根据详细设计进行 FPGA 产品编码。一般包括以下要求：

1）编码规则应符合编程规范的要求；

2）依据设计开展编码活动，形成源代码或原理图；

3）开展可靠性设计，包括采用同步设计、对异步接口信号和跨时钟域信号进行处理等。

在代码实现完成后，应生成对应的 FPGA 产品源代码（包括必要的注释，一般含注释的行数不得少于总行数的 20%）。

2.1.3.4 验证计划

验证计划是指建立仿真验证计划，确认涉及的验证人员、分工，明确阶段时间安排和所需提交的阶段结果，完成测试用例设计。一般包括以下要求：

1）制定验证策略；

2）确认验证工具、验证代码的编写语言；

3）进行测试床设计，提供测试床组成框图；

4）根据需要测试的功能点，设计验证用例及其对应的验证通过依据，应考虑强度测试、边界测试，应确保需求规格说明中的需求项验证百分之百覆盖；

5）制定仿真验证计划时明确时序验证至少应覆盖 EDA 工具所能够支持的最大验证范围，一般包括最大、最小、典型三种工况；

6）测试用例应具备独立标识，并针对需求标识开展跟踪确认。

在验证计划完成后，应生成对应的仿真验证计划。

2.1.3.5 建立验证环境

建立验证环境是指根据仿真验证计划编制测试床并编写仿真验证报告相关内容。在建立验证环境完成后，应生成对应的仿真验证报告。

2.1.4 功能验证

功能验证是指进行设计代码规则检查、人工走查、功能仿真等测试，完善验证用例并编写仿真验证报告相关内容。一般包括以下要求：统计语句、分支、状态机覆盖率，根据覆盖率完善验证代码和验证用例，并对无法覆盖的情况进行分析确认，确保通过仿真和分析确认实现语句、分支和状态机覆盖率达 100%。

在功能验证完成后，应生成对应的仿真验证报告。

2.1.5　综合布局布线

综合布局布线是指在 EDA 平台下完成设计综合、布局布线并编写设计报告、使用说明的相关内容。一般包括以下要求：

1）综合、布局布线时应确保工具环境配置无误，同时 FPGA 工程属性指向的芯片与任务书一致，包括器件的类型、速度等级、封装类型；

2）综合、布局布线时应确保 FPGA 工程的管脚属性设置正确；

3）综合、布局布线过程中工具输出的所有警告和错误信息应进行确认和处理，未处理的应经过分析确认无影响并在设计报告中说明；

4）应正确设置综合及布局布线的约束条件，保证有限状态机的逻辑设计和冗余逻辑不被工具优化；

5）一般情况下避免寄存器复制。

在综合布局布线完成后，应生成对应的设计报告、使用说明。

2.1.6　时序验证

时序验证是指对综合及布局布线后的生成文件进行静态时序分析或动态时序仿真。一般包括以下要求：开展时序验证工作时应覆盖 EDA 工具所能够支持的最大验证范围，一般包括最大、最小、典型三种工况。

在时序验证完成后，应生成对应的仿真验证报告。

2.1.7　编程下载

编程下载是指 FPGA 产品验收前，对 FPGA 编程，并对 FPGA 的配置芯片编程。

在编程下载完成后，应生成对应的 FPGA 产品和 FPGA 的配置芯片。

2.1.8　设计确认

设计确认一般包括以下要求：

1）应在设计确认前制定设计确认计划，并依据设计确认计划在板级和单机级进行设计确认，测试 FPGA 产品的功能、性能、接口波形等参数是否与任务书要求一致；

2）应对 FPGA 产品设计确认计划会签，审查测试环境与 FPGA 产品真实运行环境的差异、对测试要点理解的一致性和准确性、测试步骤的可操作性；

3）设计确认的参与人应包括 FPGA 任务交办方、承制方等，设计确认结果应得到 FPGA 任务交办方确认；

4）设计确认的对象应是与最终交付状态一致的 FPGA 产品。

在设计确认完成后，应生成对应的设计确认计划和设计确认报告。

2.1.9　第三方验证

第三方验证是指由第三方对 FPGA 产品进行独立验证，包括首次第三方验证和第三方回归验证。一般包括以下要求：完成修改分析，通过人工走查等方式确认设计修改的正确性并完成影响域分析，根据影响域分析结果确定回归验证的功能项，设计验证用例，完成仿真验证和时序验证，给出第三方验证结论。

在第三方验证完成后，应生成对应的第三方验证总结报告。

2.1.10　验收

验收是指组织人员进行 FPGA 产品的验收，包括技术文件检查、性能数据审查、产品保证情况检查等，验收合格后交付 FPGA 产品。

在验收完成后，应生成对应的研制总结报告和验收报告。

2.1.11　固化和落焊

固化和落焊是指对正式参加试验的 FPGA 产品或正式参加试验的 FPGA 配置芯片编程固化和落焊。一般包括以下要求：

1）FPGA 产品或 FPGA 的配置芯片固化前一般按 30％的比例（至少 1 片）准备备用芯片，在出现烧写错误时使用备用芯片；

2）承研单位应制定表格化过程记录文件，记录比对结果和标识等过程信息；

3）固化完成后的 FPGA 产品或 FPGA 的配置芯片应做好标识；

4）应对 FPGA 产品编程下载阶段、固化和落焊阶段使用的 FPGA 芯片规格进行分析，区别较大时应在固化后进行完整的设计确认。

在固化和落焊完成后，应生成对应的固化过程记录。

2.1.12　运行维护

运行维护是指对有运行维护需求的 FPGA 产品应按要求开展运行维护工作。一般包括以下要求：进行 FPGA 产品的使用和维护，记录运行情况及出现的问题，对于使用过程中出现的质量问题及时上报，查找和分析原因，采用相应的更改措施，并做好配置管理、回归验证和评审等工作。

2.2　研制可行性分析

可编程逻辑器件软件的研制可行性分析一共分为三类，分别为沿用可行性分析、配置参数修改可行性分析、适应性修改可行性分析。

2.2.1　沿用可行性分析

沿用可行性分析是指按照Ⅰ类可编程逻辑器件软件产品研制技术流程的选用条件，完成沿用可行性分析。

在沿用可行性分析完成后，应生成对应的沿用可行性分析报告。

2.2.2　配置参数修改可行性分析

配置参数修改可行性分析包括：

1）按照Ⅱ类可编程逻辑器件软件产品研制技术流程的选用条件，完成沿用可行性分析以及需求变更分析；

2）确认涉及的设计验证人员、分工和接口；

3）列出阶段时间安排和须提交的阶段结果；

4）对配置管理项和基线的发布时机、内容、管理方式方法及审计方式等进行策划；

5）对质量保证活动的时机、内容和方式方法进行策划。

一般包括以下要求：

1）变更影响域分析应包括需求变更影响域分析和设计变更影响域分析，覆盖功能、性能、外部接口、内部接口、可靠性、安全性等方面；

2）应完成配置参数修改实施方案、变更影响域分析和回归仿真验证计划，并将上述工作反映在配置参数修改影响域分析报告中。

在配置参数修改可行性分析完成后，应生成对应的配置参数修改影响域分析报告、需求规格说明、开发计划、配置管理计划、质量保证计划。

2.2.3　适应性修改可行性分析

适应性修改可行性分析包括：

1）按照Ⅲ类可编程逻辑器件软件产品研制技术流程的选用条件，完成沿用可行性分析以及需求变更分析；

2）确认涉及的设计验证人员、分工和接口；

3）列出阶段时间安排和须提交的阶段结果；

4）对配置管理项和基线的发布时机、内容、管理方式方法及审计方式等进行策划；

5）对质量保证活动的时机、内容和方式方法进行策划。

一般包括以下要求：

1）变更影响域分析应包括需求变更影响域分析和设计变更影响域分析，覆盖功能、性能、外部接口、内部接口、可靠性、安全性等方面；

2）应完成适应性修改可行性分析和变更影响域分析，并将上述工作反映在适应性修改影响域分析报告中。

在适应性修改可行性分析完成后，应生成对应的适应性修改影响域分析报告、需求规格说明、开发计划、配置管理计划、质量保证计划。

2.3　支持与管理活动

可编程逻辑器件软件开发过程中的支持与管理活动包括：配置管理、质量保证、纠正措施、风险管理、保密性有关活动、分承制方管理、与独立验证和确认机构建立联系、与相关开发方的协调。

2.3.1　配置管理

开发方应在开发过程中实施配置管理，具体要求见 GJB5235—2004。可编程逻辑器件软件配置管理项一般包括：

1）开发文档；

2）工程文件，包含设计输入、约束文件、综合和布局布线后产生的相关文件，采用工具进行三模冗余设计的，应包含三模前和三模后的工程文件；

3）开发工具、开发环境、测试工具、测试环境、问题/更改报告等。

2.3.2　质量保证

开发方应在开发过程中实施质量保证，一般应包括以下内容：

1）应按照计划对开发活动和工作产品定期地或事件驱动地进行评审或审核；

2）应保证合同、研制任务书、开发计划中要求的每项工作产品都存在，并对其进行评价、测试和纠正；

3）应按照 2.3.3 节要求去处理发现的问题；

4）负责质量保证的人员应具有资源、职责、权限和组织上的独立性，保证能客观地开展质量保证评价并启动和验证纠正措施；

5）开发方应为每个质量保证活动准备并保存记录，记录应在合同期内保留。

2.3.3　纠正措施

（1）问题/更改报告

开发方应编写问题/更改报告，说明在置于项目级或更高级配置控制下的每一个问题，以及在合同、研制任务书、开发计划等描述的开发活动中的每一个问题。问题/更改报告应描述问题，提出所需的纠正措施，阐述至今已采取的纠正措施，并作为纠正措施系统的输入信息。

（2）纠正措施系统

开发方应实现纠正措施系统，以处理置于项目级或更高级配置控制下的每一个问题，以及在合同、研制任务书、开发计划等描述的开发活动中的每一个问题。该系统应满足：

1）该系统的输入信息应由问题/更改报告组成；

2）该系统应确保问题能及时报告并进入该系统，纠正工作得以启动并且问题得到解决，状态得以跟踪，并且问题记录在合同期内得以保持，形成闭环系统；

3）分析问题并预测其趋势；

4）对纠正措施进行评价，以确定问题是否得到解决、不利趋势是否得到扭转，更改是否正确实现且未引起其他问题。

2.3.4　风险管理

开发方应在整个开发过程中进行风险管理，一般应包括以下内容：

1）制定风险管理计划；

2）标识、分析和排序项目中潜在的技术、成本和进度风险；

3）制定风险管理的策略；

4）实施风险管理策略，跟踪和控制风险。

2.3.5　保密性有关活动

开发方应按照研制任务书或合同规定的保密要求开展开发活动。

2.3.6　分承制方管理

如果有分承制方，开发方应将必要的主合同要求纳入子合同，以确保按照主合同要求开发产品。

2.3.7　与独立验证和确认机构建立联系

开发方应按照合同规定与独立验证和确认机构建立联系。

2.3.8　与相关开发方的协调

开发方应按照合同规定与相关开发方、工作组进行协调。相关开发方指在同一个或有关的系统中承担与本可编程逻辑器件软件配置项相关的其他开发工作的组织，不包括分承制方。

第3章 航天型号可编程逻辑器件软件测试要求及流程

2018年8月，国家军用标准GJB 9433—2018《军用可编程逻辑器件软件测试要求》发布实施，该标准中对可编程逻辑器件软件测试级别、测试过程和测试类型进行了详细的规定，本章对相关内容进行解读[3]。主要内容如图3-1所示。

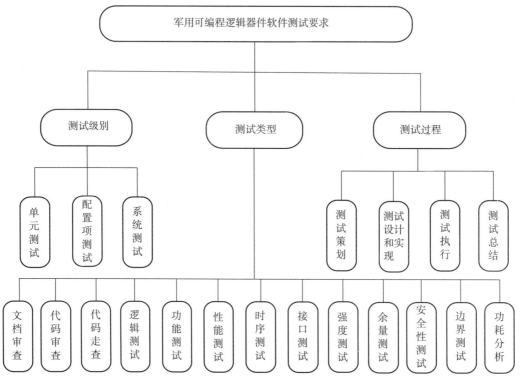

图3-1 军用可编程逻辑器件软件测试要求

3.1 测试要求

3.1.1 测试级别

可编程逻辑器件软件测试过程中，应根据研制任务书、需求规格说明、设计说明等文档要求，采用合理的测试方法，对可编程逻辑器件软件单元、配置项、系统的功能要求、性能要求、时序要求、接口要求、强度要求、余量要求、安全性要求、边界要求和功耗要求等开展测试，测试级别分为单元测试、配置项测试、系统测试。

3.1.1.1　单元测试

单元测试的对象为可编程逻辑器件软件单元，测试的文档依据为软件设计说明，须针对设计说明等文档所规定的软件单元的所有功能、性能、接口（包括软件单元之间所有接口）及安全性等特性逐项进行测试，且测试中每个特性应至少被一个正常测试用例和一个被认可的异常测试用例覆盖（当存在异常情况时）。在测试中设计的测试用例应至少包含有效等价类值和无效等价类值的用例。另外，在测试过程中应进行覆盖率的统计，覆盖率应达到覆盖率指标的要求，并对未覆盖的情况进行分析。

3.1.1.2　配置项测试

配置项测试的对象为可编程逻辑器件软件配置项，一般须符合以下要求：

1）应逐项测试需求规格说明等文档所规定配置项的所有功能、性能、时序、接口、余量、安全性等特性。

示例 1：某 FPGA 软件开发文档描述如下。

3.2.2.1　FPGA 读出时序生成功能

能够生成红外成像探测器组件信号读出所需的时钟信号和积分信号。主时钟频率为 6 MHz。

读出图像规模为 640×512，帧频为 50 Hz±1 Hz。积分时间可由 DSP 实时调整。FPGA 读出时序如图 3-2 所示。

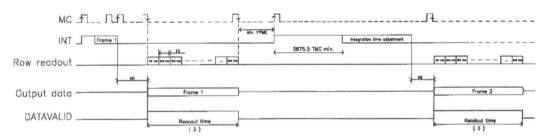

图 3-2　FPGA 读出时序

3.9　安全性要求

探测器读取模块、非均匀校正模块、坏元替代模块和 LVDS 输出模块是本软件的安全关键功能。在这些安全关键模块的设计中，应通过一定设计机制保证错误状态不会延续到下一帧，如计数器、状态机等的设计应使用数据流同步信号清零或设置初始状态。

3.11　设计约束

存储器余量应大于 20%，逻辑资源余量应大于 20%。

根据开发文档以上的描述，测试时可以分解出功能、性能、时序、接口、余量、安全性等测试子项，如表 3-1 所示。

表 3-1　测试类型说明表

测试类型	测试子项标识	测试子项	测试子项需求描述
功能测试	FTXCJ-GN001	生成积分信号功能	通过功能仿真测试，查看 FPGA 软件工作过程中是否能够生成红外成像探测器组件信号读出所需的时钟信号和积分信号，验证 FPGA 软件生成积分信号功能
性能测试	FTXCJ-XN001	FPGA 图像读出帧频性能	通过功能仿真测试，查看 FPGA 软件读出 FPA 图像数据的帧频是否为 50 Hz±1 Hz，验证 FPGA 软件图像读出帧频性能
接口测试	FTXCJ-JK001	FPGA 接收接口测试	FPGA 能够按照 FPA 读取接口要求，正确输出红外成像探测器组件信号读出所需的时钟信号和积分信号，实现 FPA 积分控制，通过仿真测试，查看 FPGA 软件是否正确输出时钟信号和积分信号，验证 FPGA 软件 FPA 接收接口
余量测试	YL-YL001	逻辑资源使用余量测试	通过设计检查，查看综合报告中 FPGA 软件逻辑资源占用率是否大于 80%，验证 FPGA 软件逻辑资源使用余量
	YL-YL002	时钟速率降额余量测试	对时钟等进行约束后，通过静态时序分析查看 FPAG 软件能运行的最大频率，并结合 FPAG 软件的时钟频率计算 FPGA 软件的时钟降额余量是否大于 20%，验证 FPGA 软件时钟速率降额余量
安全性测试	AQX-AQ001	状态机安全性测试	仿真设计中使状态机进入异常状态（如 Tlv1549.v 文件中的状态机 state 进入异常的 2'b11 状态），查看 FPGA 软件状态机是否能自动复位到初始状态不会出现死锁，验证 FPGA 软件状态机安全性
	AQX-AQ003	计数器安全性测试	通过设计检查，查看 FPAG 软件内部计数器设计时是否使用数据流同步信号清零或设置初始状态保证计数器的安全性，验证 FPGA 软件计数器安全性

2）配置项的每个特性应至少被一个正常测试用例和一个被认可的异常测试用例所覆盖。

示例 2：某 FPGA 软件开发文档描述如下。

3.2.1　UART 串化/解串功能（RX_UART）

红外探测器机芯组件应具有与管控计算机或调测试用计算机上位机软机通信的功能，通信接口为 RS422 接口。具体的通信流程和通信协议由 DSP 软件实现，BK105FPGA 软件负责 UART 接口的串化/解串功能。BK105FPGA 软件将 DSP 发来的数据缓冲并串化成为 RS422 串行接口的数据发送，以及将 RS422 接收的数据解串后存入缓存并通知 DSP 读取。

串行数据格式为 1 位开始位，8 位数据位，1 位停止位，无校验。URAT 接口波特率为 614.4kbps，波特率偏差应小于 2.5%。

根据开发文档以上的描述，测试时应分解出正常的测试用例和异常的测试用例，如表 3－2 所示。

表 3－2　正常用例和异常用例说明表

测试类型	测试子项标识	测试子项	测试子项需求描述
功能测试	UCHJC－GN001	串行数据接收功能	FPGA 软件能够正常接收并处理符合 RS422 接口协议的数据，通过管控计算机向 FPGA 软件 RS422 接口发送数据，查看 FPGA 软件是否能够正常接收并处理数据，验证 FPGA 软件串行数据接收功能
	UCHJC－GN002	串行数据发送功能	FPGA 软件能够接收 DSP 发送的数据并按照串行通信接口协议将数据发送给管控计算机，通过模拟 DSP 软件向 FPGA 软件发送数据，查看 FPGA 软件是否按照通信协议向外发送数据，验证 FPGA 软件串行数据发送功能
	UCHJC－GN004	串口接收异常处理功能	FPGA 软件能够正确处理输入的不满足协议要求（起始位为 0、停止位为 1）的串行数据，通过向 FPGA 软件发送起始位为 0、停止位为 1 的异常数据，查看 FPGA 软件是否能够正确接收、处理，验证 FPGA 软件串口接收异常处理功能

3）测试用例的输入应至少包括有效等价类值和无效等价类值。

有效等价类指输入完全满足程序输入的规格说明，即有效、有意义的输入数据所构成的集合。利用有效等价类可以检验程序是否满足规格说明所规定的功能和性能；无效等价类和有效等价类相反，即不满足程序输入要求或者无效的输入数据构成的集合。使用无效等价类，可以鉴别程序异常情况的处理。在程序设计中，不但要保证所有有效的数据输入能产生正确的输出，同时需要保障在输入错误或者空输入的时候能有异常保护，这才能保证的测试的全面性。

示例 3：某 FPGA 软件开发文档描述如下。

6.2.3　自锁阀开关控制

完成 26 路自锁阀的开关控制（每路自锁阀开关：开为一个通道、关为一个通道，共 52 个通道），1～24 路开关实现方式为：FPGA 输出 3 bit 片选信号控制 3～8 译码器 B54AC138RH，B54AC138RH 的译码输出（Yn0 _ Yn5）在电路上分别连接至 6 片 B54AC273RH 的时钟 CLK 端，通过 FPGA 输出 3 位片选信号在 B54AC273RH 的 CLK 端生成上升沿，锁存 FPGA 8 路输出信号在 B54AC273RH 的输出端生成 80±10 ms 的高电平脉冲，以此控制 24 路自锁阀开关 48 路通道的输出。

各路对应的 FPGA 译码地址见下表：

寄存器名称	接入 FPGA 内部地址 A21～A20、A11～A2	说明	读/写	数据位宽	复位值
第 1 路温控寄存器	x"C20"	第 1 路温控 [高字节为周期值，低字节占空比（高电平宽度）] 写 x"FFFF"，全关； 写 x"0000"，全开	W	16	全 0
第 2 路温控寄存器	x"C21"	第 2 路温控（同上）	W	16	全 0
第 3 路温控寄存器	x"C22"	第 3 路温控（同上）	W	16	全 0
…	…	…	…	…	…

　　某可编程逻辑器件软件开发文档中描述 DSP 向可编程逻辑器件软件地址 x"C20" 写入数据（高字节代表周期，低字节代表高电平宽度，单位 1 ms）后可编程逻辑器件软件向外部输出设定周期和占空比的脉冲信号。

　　根据开发文档以上的描述，测试时分解测试用例的输入应包括有效等价类值和无效等价类值，如表 3-3 所示。

表 3-3　功能分解说明表

测试类型	测试子项标识	测试子项	测试子项需求描述
功能测试	WK-GN001	温控功能	FPGA 软件能够根据 DSP 软件写入的分频数寄存器和占空比寄存器的值输出不同周期和占空比的脉冲信号，以实现 13 路温控继电器的控制
	WK-GN002	温控输入数据异常功能	FPGA 软件接收到 DSP 软件写入的异常分频数寄存器和占空比寄存器数据（高电平时间大于脉冲周期）后能够输出脉冲信号，不影响程序正常运行

　　测试子项 WK-GN001 测试时输入正常数据 0x0502（周期 5 ms，高电平 2 ms）为有效等价类值，以等价其他全部的有效数据。测试子项 WK-GN002 测试时输入异常数据 0x0508（周期 5 ms，高电平 8 ms）为无效等价类值，以等价其他全部的无效数据。

　　4）采集语句、分支、条件、表达式、位翻转、状态机等覆盖率统计结果，覆盖率要求达到 100%，对未覆盖的语句、分支、条件、表达式、位翻转、状态机等需开展进一步分析。

　　在测评大纲测试策略中需明确各项覆盖率应达到测试充分性的要求，分析覆盖率是否达到 100%；若未达到 100%，需对未覆盖的语句、分支、条件、表达式、位翻转、状态机进行分析，分析到底是测试用例的疏忽，还是冗余代码，亦或是本身起保护作用的代码导致无法覆盖，如果由于测试不充分导致无法覆盖，须补充测试用例进行覆盖率分析。

　　5）在边界状态和异常状态运行条件下，应测试配置项的功能和性能。

示例 4：某 FPGA 软件开发文档描述波束角控制指令中，赤道面方向夹角 α 的取值范围为 0～400、3 200～3 600，精度为 0.1°。超出取值范围时取范围内上下边界值，以 1 800 为界，小于 1 800 取 400，大于等于 1 800 取 3 200。

根据开发文档以上的描述，测试时分解测试子项时就需对夹角 α 数据边界值进行测试，仿真时应选取的测试角度值为 0、1、400、401、1 800、3 199、3 200、3 201、3 599、3 600 和 3 601，测试子项描述如表 3 - 4 所示。

表 3 - 4 边界测试说明表

测试类型	测试子项标识	测试子项	测试子项需求描述
边界测试	RS422_R - BJ001	接收赤道面方向夹角 α 数据边界测试	当波束控制器软件接收到赤道面方向夹角 α 数据在范围 0～400、1 800、3 200～3 600 的边界上、边界内、边界外时，能够取正常范围内上下边界值，不引起软件异常

6）应按需求规格说明等文档的要求，对配置项的功能、性能等进行强度测试。

强度测试主要包括在规定的持续时间内进行连续非中断的测试、最大数据处理能力、某项性能达到的最大值等。

示例 5：某接收机 FPGA 软件含有一路外设 RS - 422 通信接口；接收机抗单个宽带干扰干信比≥60 dB；总体要求接收机 FPGA 软件连续运行 4 h 不发生错误。

根据开发文档的描述，强度测试时可分解出 RS - 422 通信接收强度、单宽带干扰强度和整机运行时间强度三个强度测试子项，如表 3 - 5 所示。

表 3 - 5 强度测试说明表

测试类型	测试子项标识	测试子项	测试子项需求描述
功能测试	QD - QD001	外设 RS - 422 通信接收强度测试	逐步缩小 RS422 接收字节数据的间隔，测试接收机 FPGA 软件能够处理的最小 RS422 时间间隔
	QD - QD002	单宽带干扰强度测试	逐步增加宽带干扰的强度，测试接收机 FPGA 能够抗宽带干扰的最大分贝数，到达顶点后逐步减小宽带干扰分贝数，查看接收机 FPGA 是否能够正常恢复抗单宽带干扰功能
	QD - QD003	整机运行时间强度测试	在应力筛选试验温度曲线下，连续运行接收机 FPGA 软件 4 h，查看测试期间接收机 FPGA 是否正常运行并能正常定位

7）对有恢复或重置功能需求的配置项，应测试其恢复或重置功能，并且对每一类导致恢复或重置的情况进行测试。

示例 6：可编程逻辑器件软件包括 A、B 两个通道，上电运行后双通道通过同步接收信号 sync_rx 进行同步；在测试时需要考虑当双通道同步后由于其中一个通道断电或者其他原因导致双通道失同步后是否能够再次建立同步，应设计通道同步后失步再同步功能测试子项，如表 3 - 6 所示。

表 3-6 功能测试说明表 1

测试类型	测试子项标识	测试子项	测试子项需求描述
功能测试	FRAME-GN018	通道同步后失步再同步功能	电子调节器 FPGA 软件双通道在同步状态建立后若丢失同步，应能够再次建立双通道的同步状态

某解压快视软件通过同步串口从稳定成像装置接收图像数据，将数据解压后在软件界面上显示并保存图像。测试时需考虑当同步串口通信数据中断后是否能够进行重新连接并正常接收数据。可设计测试子项如表 3-7 所示。

表 3-7 功能测试说明表 2

测试类型	测试子项标识	测试子项	测试子项需求描述
功能测试	WD_RX-GN003	图像接收恢复功能测试	解压快视软件在接收 RS422 图像数据过程中，当图像数据传输中断一段时间后恢复，解压快视软件应能够正常恢复 RS422 图像数据的接收。

8）测试应实现对需求规格说明的 100％覆盖率。

测试需求规格说明中描述的所有测试子项均应有对应的测试用例进行测试，需求覆盖率需达到 100％，以充分验证所有可编程逻辑器件需求是否满足设计要求。在测评大纲中应进行专门的测试内容充分性分析，使用表格的方式描述需求规格说明的每一章节对应的测试项标识和测试项名称，如表 3-8 所示。

表 3-8 软件需求测试充分性分析

序号	需求来源		测试项标识	测试项名称
	软件任务书	软件需求规格说明		

9）必要时，应对配置项的功耗情况进行分析。

当可编程逻辑器件软件开发文档中对可编程逻辑器件运行时消耗的功率有明确要求时，须对可编程逻辑器件进行功耗分析。在典型工作频率、工作电压、环境温度、输入信号频率、输出负载电容和驱动电流、内部信号的翻转率、典型运行时间等约束条件下，进行功耗分析。

3.1.1.3 系统测试

系统测试的对象为完整的、集成的可编程逻辑器件软件系统，测试的文档依据一般为研制总要求、研制任务书或系统需求规格说明等文档，应逐项测试其中所规定的功能、性能、接口及安全性等特性，且每个特性应至少被一个正常测试用例和一个被认可的异常测试用例所覆盖。在针对功能、性能开展测试时，应考虑边界状态、异常状态下的测试，必要情况下，应按研制任务书的要求，对系统的功能、性能等进行强度测试。另外，接口测试时，应测试配置项之间以及配置项与其他硬件之间的所有接口。余量测试时考虑测试系统输入/输出通道的吞吐能力和处理时间的余量。对有恢复或重置功能需求的系统，应测试其恢复或重置功能，并且对每一类导致恢复或重置的情况进行测试。测试过程中设计的测试用例的激励输入应至少包括有效等价类值和无效等价类值。为保证测试的充分性，测试应实现对研制任务书相关需求的 100％覆盖。

3.1.2　测试类型

3.1.2.1　文档审查

文档审查是对委托方提交的文档（如软件研制任务书、软件需求规格说明、软件详细设计说明等）的完整性、一致性和准确性所进行的检查，应根据文档检查单对被测软件文档进行审查，一般包括以下内容：

（1）审查文档齐全性

所谓文档齐全性是指研制单位所提交文档的齐全性，主要包括研制任务书、需求规格说明书和设计说明书，对于其他文档的要求可以根据研制方自身的情况查看，不强烈要求提供。针对定型/鉴定测评，研制方除需要提交研制任务书、需求规格说明书和设计说明书等开发文档外，还需提交配置管理以及内部测试等文档。

（2）审查文档标识和签署的完整性

文档具有唯一的标识和版本。根据软件工程化标准的要求，文档与源程序应分开进行配置管理，有各自的标识和版本。标识应注意三点：1）标识中应包含文档版本号；2）文档中各处文档标识应保持一致；3）该标识具有唯一性。

提交审查的文档的封皮应签署完整，表明该文档是经过正式评审且有效的文件，为最终版文件。签署应按照"编写、校对、审核、标审、批准"的基本顺序逐级签署，且任务书与需求的编写不能为同一人。

（3）审查文档内容的完备性、准确性、一致性、可追踪性

主要是审查文档内容应符合相关可编程逻辑器件软件标准中的要求，软件任务功能应覆盖顶层技术文档（如软件研制总要求），各文档之间描述应准确、一致，需求规格说明描述功能项应为任务书中功能项的分解且全部覆盖任务书，并且基于软件研制任务书中的各软件配置项的要求，建立与之对应的需求的跟踪关系。设计说明文档应建立与需求规格说明的追踪关系。

（4）审查文档格式的规范性

所谓文档格式的规范性主要审查文档格式、章节应满足相关可编程逻辑器件软件标准中的要求，对于文档审查存在的问题，开发单位应及时修改、完善，保证测试工作顺利开展。

3.1.2.2　代码审查

代码审查是检查代码和设计的一致性、代码执行标准的情况、代码逻辑表达的正确性、代码结构的合理性以及代码的可读性。

代码审查主要分为编码规则检查和人工审查，编码规则检查主要使用 HDL designer、LEDA、Spyglass 等第三方工具开展规范性检查，辅助开展人工审查；人工审查主要是根据相应语言的代码检查单开展代码审查，对于代码审查存在的问题，开发单位应及时修改、完善，保证测试工作顺利开展。

3.1.2.2.1　审查内容

审查内容主要包括以下方面。

（1）检查代码和设计的一致性

众所周知，军用可编程逻辑器件软件测试的首要目的就是验证可编程逻辑器件软件是否满足研制任务书、需求规格说明、设计说明等所规定的要求。而 HDL 代码是整个 FPGA 设计的核心，如果代码与设计不一致，则整个设计不仅无法完成相关功能要求，而且还徒劳无功。

（2）检查代码的规范性、可读性

所谓代码的规范性、可读性就是编写的代码布局清晰、命名规范，且代码中应包含一定的注释。代码想要布局清晰就需要遵循一定的文本规范，如每一行语句独立成行以增加可读性。

（3）检查代码逻辑表达的正确性

HDL 代码是 FPGA 设计的核心，检查代码逻辑表达的正确性在测试过程中至关重要，错误的逻辑表达式会使得代码在综合、实现时南辕北辙，产生错误的结果。

（4）检查代码实现和结构的合理性

结构层次化编码是模块化设计思想的一种体现，目前大型设计无一不是采用结构层次化编码风格，以提高代码的可读性，软件测试人员进行测试时应检查代码实现和结构的合理性以减少差错。

（5）状态机及其状态转移检查

状态机是指通过状态转移图来描述一些特定的顺序逻辑，FPGA 逻辑设计中涉及的状态机一般都是有限状态机 FSM，也就是指状态的个数是有限的。有限状态机稳定性高，不会进入非预知的状态，但是有时若未对状态机的异常状态进行判断，则容易引起状态机死锁。

（6）多时钟域及跨时钟域设计正确性检查

如果 FPGA 设计中的所有资源不全属于同一个时钟域，那么就有可能存在跨时钟域问题，异步逻辑在某种意义上也可以看做一种特殊的跨时钟域问题。发生跨时钟域问题的必要条件是不同时钟域之间存在信息交互，各个时钟域之间彼此互不相关几乎是不可能的，如果一个 FPGA 设计中存在多个时钟域，则跨时钟域问题几乎是无法避免的。由于跨时钟域的存在，导致亚稳态的产生或传播，使得不同时钟域之间信号传播时出现数据破坏。因此在对 FPGA 进行测试时，对多时钟域及跨时钟域设计的正确性进行检查是很有必要的，应检查设计中是否对跨时钟域的情况进行了行之有效的同步化处理。

（7）输入接口的滤波和抗干扰设计是否满足要求

在 FPGA 设计中毛刺现象是影响数字系统设计有效性和可靠性的主要因素。由于信号在 FPGA 的内部走线和通过逻辑单元时造成延时，在多路信号变化的瞬间，组合逻辑的输出常常产生一些小的尖峰，即毛刺信号。这在设计中是不可避免的，但有时候一点毛刺就有可能导致系统出错，特别是对尖峰脉冲或脉冲边沿敏感的电路。所以对输入接口的滤波和抗干扰设计显得尤为重要。

（8）组合逻辑输出时是否进行了寄存

在 FPGA 设计中还有一个常用的技巧用来抑制毛刺现象，那就是组合逻辑输出时进行寄存。输出信号没有寄存输出，会使得输出信号之间没有确切的时序关系，导致输出端容易产生毛刺。在 FPGA 同步设计中，将模块的边界信号直接输出可能导致亚稳态、毛刺等不良后果。正确的处理应该对模块的边界信号进行寄存输出，使各个模块之间有确定的同步时序关系。

其后，主要从时钟与复位检查、模块间接口检查、状态机及其状态转移检查、多时钟域及跨时钟域设计正确性检查、逻辑功能实现的正确性、寄存器使用情况、多余代码、可靠性与安全性实现、代码书写风格等方面举例说明代码审查内容。

3.1.2.2.2　时钟与复位检查

（1）时钟检查

几乎所有的 FPGA 设计都离不开时序逻辑，因此几乎所有的 FPGA 设计都离不开时钟信号，要想确保 FPGA 设计最终的成功，需确保时钟信号设计的可靠性。因此，作为测试任务的关键，须检查时钟信号是否满足测试需求。

对于时钟信号，由 FPGA 全局时钟输入管脚驱动的全局时钟能够提供器件中最短的时钟到输出的延时，是最简单和最可预测的时钟，因此在资源允许的条件下必须使用由全局时钟输入管脚驱动的全局时钟，降低设计难度，提高设计可靠性。

避免在时钟路径上插入反相器或缓存器。FPGA 器件在制作过程中会预留出特定的布线资源用于实现时钟信号的拓扑结构，该布线资源可以保证各个时序器件间的时钟偏移最小。若在时钟路径上插入反相器或缓存器，则会在传输时引入器件的延时，增加时钟偏移，可能破坏电路的同步关系，引起时序错误，因此禁止在时钟路径上插入反相器或缓冲器。

对于门控时钟，虽然门控时钟设计是 IC 设计中一种常用的减小功耗的手段，但是门控时钟不是同步时序电路，其门控逻辑会影响时钟信号的质量，容易产生毛刺，引起触发器的错误翻转，影响 FPGA 设计的可靠性，因此在同步时序电路中应避免使用门控时钟，在必须使用门控时钟的场合可以通过采用时钟使能的方式实现。

此外，在设计中禁止出现时钟信号再汇聚路径，所谓时钟信号再汇聚是指时钟信号经过不同路径后进行组合逻辑处理产生一个信号作为时钟信号。再汇聚路径可能会导致时钟路径上发生时序冲突，因此禁止出现时钟信号再汇聚。

示例 1：程序实现时，使用组合逻辑产生了门控时钟，使用门控时钟作为进程中时钟，这种设计容易产生竞争冒险。

```
s_clk <= not(ML_strobe) and not(ML_clk);
......
elsif  rising_edge(s_clk) then
    s_clk_cnt <= s_clk_cnt + '1';
```

示例 2：在时钟路径上插入反相器，增加了时钟偏移，引起时序错误（如图 3 - 3 所示）。

```
module ntl_clk14_top (Clock, Reset, Din, Dout);
input Clock, Reset, Din;
output Dout;
reg Dout;
wire Clock_Inv;
not I0(Clock_Inv, Clock); // 反相器在时钟路径上
DFFR I1(.D(Din), .CP(Clock_Inv), .CD(Reset), .Q(Dout));
...
endmodule
```

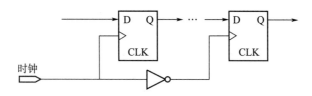

图 3 - 3　在时钟路径上插入反相器

示例 3：在时钟路径上插入缓存器，增加了时钟偏移，引起时序错误（如图 3 - 4 所示）。

```
module ntl_clk13_top (Clock, Reset, Din, Dout);
input Clock, Reset, Din;
output Dout;
reg Dout;
wire Clock_Buf;
buf I0(Clock_Buf, Clock); // 在时钟路径上使用缓存器
DFFR I1(.D(Din), .CP(Clock_Buf), .CD(Reset), .Q(Dout));
...
Endmodule
```

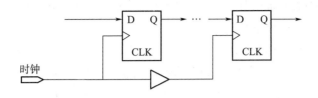

图 3 - 4　在时钟路径上插入缓存器

示例 4： 设计中出现了时钟路径再汇聚现象（如图 3 - 5 所示）。

```
module ntl_clk17_top (Clock，Reset，Ctrl1，Ctrl2，Din，Dout)；

input Clock，Reset，Din，Ctrl1，Ctrl2；

output Dout；

reg Dout；

wire Clock_Recon，Recon_1，Recon_2；

assign Recon_1 = Clock & Ctrl 1；

assign Recon_2 = Clock | Ctrl 2；

assign Clock_Recon = Recon_1 & Recon_2；// 此处的时钟信号在时钟网络上

    always @ (posedge Clock_Recon)            //发生了再汇聚

        begin

            if (！Reset)

                Dout <= 0；

            else Dout <= Din；

        end

endmodule
```

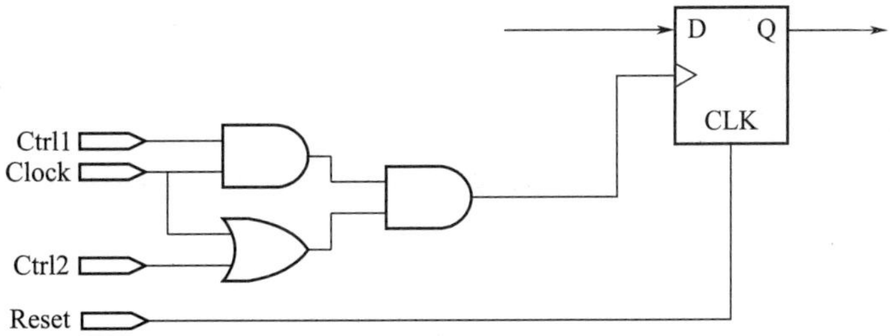

图 3 - 5　时钟信号 Clock 出现再汇聚

（2）复位设计检查

当 FPGA 芯片上电工作时，为确保系统能够从一个确定的状态开始工作，FPGA 设计中必须有一个复位信号，因此几乎所有的 FPGA 设计中都引入了复位功能，应将复位检查作为代码审查的关键。FPGA 的复位设计主要分为同步复位和异步复位，由于大多数的寄存器都具有异步复位端口，因此在多数 FPGA 复位设计中采用异步复位，但是异步复位信号释放时比较容易出问题。当异步复位信号释放时刻和时钟有效沿比较接近时，容易导致寄存器的输出出现亚稳态，而且异步复位易受到毛刺等干扰的影响。可以对异步复位信号采用同步释放机制，避免亚稳态的产生。

此外，FPGA 的内部各模块检测到全局复位信号 reset 有效后，对整个系统进行复位。如果程序对复位信号 reset 没有进行有效性判断，在复位信号 reset 上有干扰或毛刺时，程序会检测到 reset 信号为有效状态，而导致对整个系统误复位。为了防止由于复位信号受到干扰导致系统误复位，程序应对复位信号的有效性进行判断，确认复位信号有效后再对系统复位。

示例 1：在 clk 时钟的上升沿释放，这种情况就可能造成触发器输出的亚稳态。

```
process(clk, reset)
    begin
        if reset = '0' then                 //异步复位
            div_vect <= (others => '0');
        else
            div_vect <= div_vect + 1;//异步复位异步释放
        end if;
    end process;
```

示例 2：采用同步释放（复位释放和时钟沿对齐）的方式可以有效地保证触发器输出不出现亚稳态现象。同步释放的时序图如图 3-6 所示。

```
process(rst,clk)
begin
    if(rst = '0')then
        rst_n <= '0';    //当 rst 信号有效时,rst_n 立即置有效,异步复位
        rst_s <= '0';
    elsif rising_edge(clk)then
        rst_s <= '1';
        rst_n <= rst_s;    //复位信号释放时,将释放信号与时钟同步
    end if;
end process;
process(rst_n,clk)
begin
    if(rst_n = '0')then
        //开始复位
    elsif rising_edge(clk)then    //异步复位同步释放
        //正常工作
    end if;
end process;
```

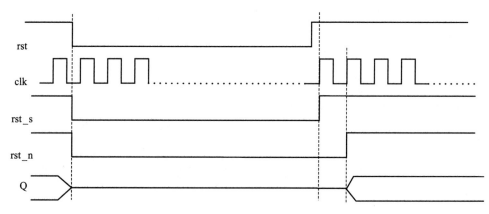

图 3 - 6　同步释放的时序图

示例 3：以下为一个没有对复位信号进行有效性判断的案例，直接使用复位信号，部分程序如下：

```
always @ (posedge clk or negedge reset_l)
begin
    if (! reset_l)
    begin
        data_out <= 0;
    end
    else
    begin
        data_out <= data_out + 1;
    end
end
```

对于该程序，在使用复位信号 reset_l 时，可以采取滤波的方式（如判断有效宽度等）对复位信号 reset_l 的有效性进行判断，确认复位信号有效后再进行复位操作。

3.1.2.2.3　模块间接口检查

FPGA 设计一般都需要与外界进行通信，而通信就需要接口。但是仅仅有接口还不行，此接口还必须保证信息传递的正确性和准时性。一般地，接口分为输入接口、输出接口和双向接口三类。顾名思义，输入接口就是外部数据进入 FPGA 的通道，输出接口是将 FPGA 内部的数据输出至外界，而双向接口的作用既可实现数据的输入，也可实现数据的输出。对单个模块而言，输入接口的正确性是其功能正确实现的前提，因此输入接口的滤波和抗干扰设计要满足要求，应对外部输入信号进行抗干扰或滤波处理。

示例 1：CPU 接口信号没有抗干扰处理，可能导致读写操作时数据总线冲突。

程序对 CPU 接口数据总线操作实现如下：

```
DATA_BUS <= sim_data_bus_out   when sim_rd_bus = '0'   and sim_cs_bus = '0'   else
```

```
(others = > 'Z');
    sim _ data _ bus _ in < = DATA _ BUS   when sim _ wr _ bus = '0' and sim _ cs _ bus = '0' else
( others = > '0');
```

由以上程序可知，FPGA 对 CPU 数据总线的处理为电平触发，并没有做抗干扰处理（CPU 的读写和片选信号都是外部直接输入），如果 CPU 正在对 FPGA 进行写操作（写信号和片选为 "0"，读信号为 "1"），此时读信号若有低电平干扰（读信号为 "0"），就会产生 CPU 和 FPGA 同时在数据总线上写数据的情况，导致数据总线的数据冲突。

对于以电平触发的信号，应该对电平的有效性进行判断或滤波处理，不能直接使用没有经过处理的电平。

3.1.2.2.4　状态机及其状态转移检查

FPGA 逻辑设计中涉及的状态机一般都是有限状态机 FSM，也就是状态的个数是有限的。有限状态机稳定性高，不会进入非预知的状态。但是有时候未对状态机的异常状态进行判断，容易引起状态机死锁。

程序在设置状态机时，应设置 others 状态，以消除由干扰信号引起的异常状态对状态机的影响。但在程序实现中，如果设计状态机时并没有设置 others 状态，则无法有效地滤除总线干扰信号，容易引起状态机死锁。所以对状态机中无效的状态必须进行适当的处理，否则一旦由于某种原因进入了无效状态，则会导致状态机死锁。在状态机设计时应充分考虑各种可能出现的状态，以及一旦进入非法状态后可以强迫状态机在下一个时钟周期内进入合法状态（一般为初始状态）。程序设置状态机时，必须对无效的状态进行适当的处理，对于 VHDL，状态机必须有 others 项，对于 Verilog 语言，状态机必须有 default 项。

此外，在状态机综合时，应该适当设置综合属性，确保状态机综合后包含对无效状态的处理。

示例 1：程序中状态机进入无效状态后置空操作，可能导致状态机死锁。

某程序中实现状态机的代码如下：

```
singal   current _ state , next _ state : std _ logic _ vector ( 1 downto 0);
    CONSTANT st0 : std _ logic _ vector ( 1 downto 0)     : = "00";
    CONSTANT st1 : std _ logic _ vector ( 1 downto 0)     : = "01";
    CONSTANT st2 : std _ logic _ vector ( 1 downto 0)     : = "10";
        ……
        case current _ state is
            when st0 = >
            ……
            when st1 = >
            ……
            when st2 = >
```

```
......
        when others => null;
end case;
```

当程序的状态机进入无效状态后执行 when others 分支，由于程序中未对无效状态进行任何处理，状态机一旦进入无效状态则无法再返回到正常的状态，导致状态机死锁。

示例 2：以下示例说明如何将状态机 state 初始化为 idle 状态。

```
process(clk ,rst)
begin
    if rst = '1' then
    state <= idle;        //使用复位操作设置有效初始态
    elsif clk'event and clk = '1' then
    case state is
        when idle =>
            state <= s1;
        when s1 =>
            state <= s2;
        when s2 =>
            state <= idle;
        when others =>
            state <= idle;
    end case;
    end if;
end process;
```

3.1.2.2.5　多时钟域及跨时钟域设计正确性检查

如果 FPGA 设计中的所有设计不全属于一个时钟域，那么就有可能存在跨时钟域问题。发生跨时钟域问题的必要条件是不同时钟域之间存在信息交互，各个时钟域之间彼此互不相关几乎是不可能的，如果一个 FPGA 设计中存在多个时钟域，则跨时钟域问题几乎是无法避免的。因此在对 FPGA 进行测试时对多时钟域及跨时钟域设计的正确性进行检查是很有必要的，不然容易出现差错。对于跨时钟域信号，在跨时钟域信号传播时，容易出现不满足建立保持时间要求的情况，导致亚稳态现象，为避免亚稳态现象，应避免直接使用异步信号，可以对跨时钟域信号进行同步处理，如采用双采样、异步 FIFO 等方式进行同步处理。

示例 1：FPGA 设计中未对跨时钟域的异步单比特信号进行双寄存器采样，造成信号判断逻辑存在亚稳态风险。

某设计部分代码实现如下：

```
WDI _ flg1 ＜ = WDI；
WDI _ flg2 ＜ = WDI _ flg1；
WDI _ flg ＜ = WDI _ flg1 ^ WDI _ flg2；
```

由于 WDI _ flg 的赋值采取了 WDI _ flg1 和 WDI _ flg2 按位异或的结果进行赋值，WDI _ flg1 寄存器中的值只进行了一次寄存，因而使得 FPGA 的判断结果存在亚稳态的风险。

3.1.2.2.6　代码书写风格

对于代码书写，每个人有每个人的特点，每个人也有每个人的代码风格。为了更有利于测试以及后续对代码进行维护，设计者应该养成良好的代码书写风格，遵守 FPGA 编码规范。

部分业界代码编写风格通则如下：

1）对所有的信号名、变量名和端口名都用小写；

2）使用有意义的信号名、端口名、函数名和参数名；

3）信号名长度不要太长；

4）对于时钟信号使用 CLK 作为信号名，如果设计中存在多个时钟，使用 CLK 作为时钟信号的前缀；

5）对来自同一驱动源的信号在不同的子模块中采用相同的名字，这要求在芯片总线设计时就定义顶层子模块间连线的名字，端口和连接端口的信号尽可能采用相同的名字；

6）对于低电平有效的信号，应该以一个下划线跟一个小写字母 b 或 n 表示。注意在同一个设计中要使用同一个小写字母表示低电平有效；

7）使用适当的注释来解释 always 进程、函数、端口定义、信号定义等，而且注释应该简明扼要并放在它所注释的代码附近；

8）每一行语句独立成行，尽管 VHDL 或者 Verilog 都允许一行写多个语句。

3.1.2.2.7　编码规则检查

编码规则检查是依据《航天型号可编程逻辑器件编码规范》，使用编码规则检查工具检查可编程逻辑器件代码编写是否符合编码规范，辅助测试人员发现可编程逻辑器件代码问题。编码规则检查涵盖的内容包括：编码风格、RTL 代码规则、跨时钟域设计规则、复位、时钟使用规则、与综合相关规则等。目前市场上三个主流的编码规则检查工具是 HDL designer（Mentor 公司）、LEDA（Synopsys 公司）、SpyGlass（Atrenta 公司）。

（1）HDL designer

HDL Designer 是目前市场上主流的编码规则检查工具之一，在可编程逻辑器件软件测试中具有举足轻重的地位，无论专业人士或者新手都有必要熟悉这个编码规则检查工具。HDL Designer 为 Mentor 公司所有，是完善的 HDL 设计复用、创建和管理环境，与仿真工具和综合工具结合使用以提供完整的 FPGA 设计流程。其具有快速地分析设计、评估代码并对 RTL 代码进行图形化处理的优点，而且内置了与其他 EDA 工具和版本管理工具的接口。

　　HDL Designer 支持自顶向下和自下而上的设计方法，提供了丰富强大的输入手段，能够实现 HDL 与图形方式混合的层次化设计，并且内置了如状态机编写是否完备、条件转移分支是否采取措施等不同的设计规则集合。使用此工具，测试人员能够对代码质量一目了然，并直接了解到代码存在的潜在问题。

　　(2) LEDA

　　LEDA 是 Synopsys 公司开发的可编程逻辑器件软件编码规则检查工具，适用于 RTL 代码的规则检查，可检查的语言为 VHDL 和 Verilog HDL 硬件描述语言。LEDA 编码规则检查工具以与可编程逻辑器件软件相关的行业级标准和工业级标准作为检查的基准，检查编码与标准规范的符合程度。

　　LEDA 编码规则检查工具包含的规则集包括：CONSTRAINTS（与综合相关约束条件的规则集）、CUSTOM（自定义规则集）、DC（与综合相关规则集）、DESIGN（和设计相关的规则集）、DESIGNWARE（Synopsys 支持的可综合 IP 规则集）、DFT（可测性设计规则集）、FORMALITY（形式验证方面规则集）、IEEE_RTL_SYNTH_SUBSET（可综合性检查规则集）、LEDA（LEDA 本身对设计开展检查的规则集）、POWER（和低功耗设计相关的规则集）、RMM_RTL_CODING_GVI（可重用设计规则集）、SCIROCCO - CYCLE（与 VHDL 仿真器相关规则集）、VCS（与 Verilog 仿真器相关规则集）、VERILINT（Verilog HDL 工业标准）、VER_STARC_DSG（日企中相关 Verilog HDL 的工业标准）、VHD_STARC_DSG（日企中相关 VHDL 的工业标准）。使用 LEDA 编码规则检查工具开展编码检查之前，测试人员应根据编码情况对编码规则集进行自定制，选取必要的规则集，对编码进行检查。

　　(3) SpyGlass

　　SpyGlass 是 Atrenta 公司著名的 IC 前端设计验证工具，使用该软件可以实现对所设计的 VHDL 或 Verilog 源代码 RTL 代码质量进行分析并验证，具有对分析结果和设计的 DashBoard 和 DadaSheet 信息统计功能。

　　SpyGlass 对可编程逻辑器件设计的文件、命名、代码风格、仿真、综合、设计习惯、门数、时序、基本同步机制等潜在问题进行检查，将 RTL 代码通过预综合电路的方式以图形化的界面显示出来，方便测试人员对可编程逻辑器件的代码结构进行分析和验证。

　　此外，SpyGlass 工具能够对所设计的 VHDL 或 Verilog 源代码进行 RTL 跨时钟域（CDC）功能分析并验证，具有对分析结果和设计的 DashBoard 和 DadaSheet 信息统计功能。跨时钟域分析可以对设计中有无采用同步机制和同步机制是否正确进行分析，对跨时钟域设计中的同步处理有效性做出评价，指出跨时钟域设计中存在的问题，并给出建议的同步解决方案。支持所有常见的同步器；自动识别设计中复杂的握手信号和 FIFO 同步机制并对其进行形式验证；自动识别 gray - code 逻辑和 re - convergent 信号并对其进行形式验证。用户不需要提供任何的仿真激励和 assertions 来测试 CDC 问题，工具自动生成并进行 CDC 分析。

　　严格意义上只有在将基本编码规则检查到的相关错误全部排除后才能进行下一步跨时

钟域分析，即 CDC 分析验证。但在实际过程中，如果已经能确定相关 ERROR 或者 WARNING 不会影响下一步的结果分析以及后续的进一步验证，也可以跳过。

使用本工具，可以使设计的问题统计全面、分类清楚、分布明了，便于设计人员和测试人员对设计问题进行更正和改进；使用者能准确、全面地掌握设计中每一个跨时钟域信号的情况，做到对每一个跨时钟域信号处理是否合理、是否会造成功能错误心中有数。

（4）编码规则检查常见问题

①避免使用锁存器（latch）

锁存器是电平触发的存储器，在使能信号有效期间，任何对数据的干扰都会直接反映到锁存器的输出，从而降低对毛刺的过滤能力。正确的处理应该是尽量使用对数据干扰有较好过滤能力的触发器代替锁存器。

假设锁存器的使能信号 enable 为高电平有效，如图 3 - 7 所示，当 enable 信号有效时，数据输入 data 会输出到输出端口。同样，在 enable 有效期间，当输入数据 data 出现毛刺时，毛刺也会直接输出到输出端口，从而无法过滤数据干扰。

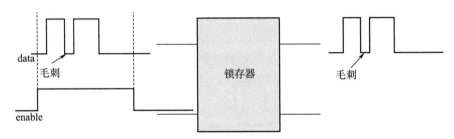

图 3 - 7　锁存器对数据干扰比较敏感

触发器对数据干扰有较强的过滤能力。如图 3 - 8 所示，假设触发器的时钟 enable 为上升沿有效，在 enable 上升沿到来时，数据输入 data 会被采样输出到输出端口，即如果数据输入端口 data 出现毛刺时，只有当 enable 上升沿恰好遇到 data 数据的毛刺且满足数据的建立保持时间要求时，毛刺才会被采样到输出端，这种情况出现的概率相对较小。

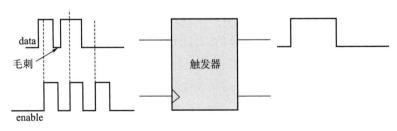

图 3 - 8　触发器对数据干扰有较强的过滤能力

此外，若综合出与设计意图不一致的锁存器，多数产生 latch 的原因在于，在设计组合逻辑时使用不完全的条件判断语句，如 if 语句缺乏 else，使用不完整的 case 语句，或者设计中有组合逻辑的反馈环路。为防止产生 latch 的措施如下：

1) 使用完整的 if…else 语句，在最终优先级的触发上使用 else 语句而不使用 else if（针对 Verilog）或者 elsif（针对 VHDL）。

2) 检查设计中是否含有组合逻辑反馈环路。

3) 为每个输入条件设计输出操作，为 case 语句设置 default 操作，对无效状态进行状态转移。

②进程中的敏感列表应完整正确

进程中的敏感列表不完整、不正确会导致仿真和综合后实现不一致，甚至功能实现错误。在 FPGA 编码中，应保证进程中的敏感列表完整正确。

以下是 Verilog 中进程的语法：

always@（敏感事件列表）begin

…

end

敏感事件列表的目的就是触发 always 模块的运行。敏感事件列表由一个或多个事件表达式构成，事件表达式就是模块启动的条件。当存在多个事件表达式时，要使用关键词 or 将多个触发条件结合起来。

Verilog 的语法规定：对于这些表达式所代表的多个触发条件，只要有一个成立，就可以启动块内语句的执行。

对于语句

always @（a or b or c）begin

…

end

always 过程块的多个事件表达式所代表的触发条件是，只要 a、b、c 信号的电平有任意一个发生变化，begin…end 语句就会触发。

因此，1) 对于组合模块，敏感事件列表中必须包含被 always 所利用的所有信号，这通常意味着所有出现的赋值语句右边和条件表达式中的信号可使用 always@ *；2) 对于时序模块，敏感事件列表必须包含时钟、异步复位信号；3) 确保敏感事件列表中不包含不必要信息，否则会降低仿真性能。

③组合逻辑信号输出应寄存器化

模块的边界信号没有寄存输出，可能导致亚稳态、毛刺的出现，不利于保持各模块间的同步时序关系。正确的处理应该是对模块的边界信号进行寄存输出，使各个模块之间有确定的同步时序关系。

如图 3-9 所示，模块 A 和模块 B 的输出没有通过寄存输出后直接使用，使得输出信号之间没有确定的时序关系，会导致如图 3-10 所示的毛刺。

如图 3-11 所示，模块 A、模块 B 的输出均进行了寄存，避免了图 3-10 中的毛刺。

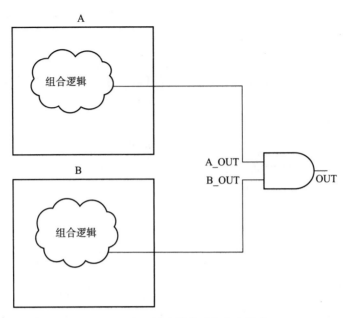

图 3-9   未对输出模块进行寄存输出

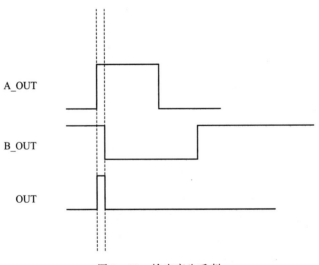

图 3-10   输出产生毛刺

④异步复位释放时应采用同步释放的方式

由于复位信号与时钟关系不确定，如果异步复位信号在触发器时钟有效沿附近"释放"（复位信号从有效变为无效），可能会导致触发器输出的亚稳态，从而影响设计的可靠性。在异步复位释放时应采用同步释放的方式，即使用同步后的复位信号实现脱离复位的操作，避免异步复位释放时的亚稳态。

例如，如图 3-12 所示，在异步复位中，$t_{recovery}$ 是指原本有效的复位信号释放（对低电平有效的复位信号而言就是上升沿）与紧跟其后的第一个时钟有效沿之间所必需的最小

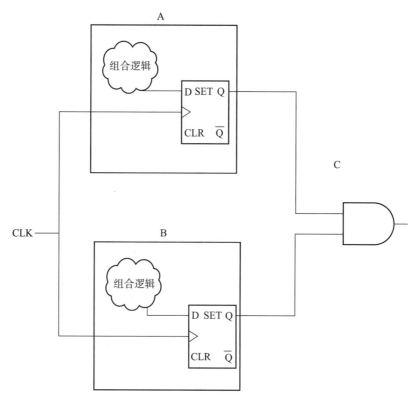

图 3-11 对模块输出进行寄存

时间。$t_{removal}$ 是指时钟有效沿与紧跟其后的原本有效的异步复位信号变得无效之间所必需的最小时间。如果复位信号的上升沿（假设复位信号低电平有效）落在 $t_{recovery}$ 和 $t_{removal}$ 之间，则触发器的输出端的值将是不确定的，在这段时间里 Q 端会出现亚稳态。

从 clk 的上升沿经过 t_{clk-q} 时间后，Q 开始输出亚稳态，并且在未知的时间（$t_{resolution}$）后 Q 的输出会固定在高电平或低电平，与输入信号没有必然的联系。这种异步复位信号在

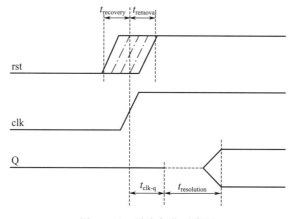

图 3-12 异步复位时序图

触发器时钟有效沿附近"释放"的方法，就可能造成触发器输出亚稳态的情况。

⑤输出信号应进行复位初始化

FPGA 设计中，所有寄存器及输出信号应进行初始化，避免系统上电后出现不确定状态。推荐使用复位操作进行初始化。

某 FPGA 软件中，输出信号 txd_out 是用于其他模块的使能信号，初始状态应无效。但由于设计中未对该信号进行初始化，导致实际使用时，上电后输出信号的初始值有效，令其他模块使能，功能实现错误。正确实现：

```
...
if (reset = '0') then
    txd_out <= '0';//使用复位操作进行初始化
end if;
...
```

3.1.2.3　代码走查

代码走查是由测试人员组成小组，准备一批有代表性的测试用例，集体扮演计算机的角色，沿程序的逻辑，逐步运行测试用例，查找被测软件的缺陷。

代码走查一般包括以下内容：

1) 对至少一个完整的功能模块或完整的专题进行走查；

2) 人工检查程序逻辑，记录走查结果；

3) 必要时，可以画出结构图、状态迁移图和时序关系图等。

3.1.2.4　逻辑测试

应利用软件内部的逻辑结构及有关信息，设计或选择测试用例，对逻辑路径进行测试，检查软件状态，确定实际状态是否与预期状态一致，从而查找设计中的问题。逻辑测试的内容主要是对代码覆盖率进行测试，一般包括语句覆盖、分支覆盖、条件覆盖、表达式覆盖、位翻转覆盖、状态机覆盖。

3.1.2.4.1　语句覆盖

语句覆盖是指在仿真过程中通过设计足够多的用例，使得被测程序中的每条可执行语句至少被执行一次。通过对语句覆盖统计可以发现 FPGA 设计中的哪些代码在仿真时没有被执行，有助于找到设计中的问题或者仿真用例的漏洞。

当然，语句覆盖有时候难以达到 100%，例如涉及状态机的 case 语句，都是有 others（针对 VHDL）或 default（针对 Verilog）分支的，目的是为了当状态机出现异常时还能够恢复到一个固定的状态，因此，除非仿真时人为地在设计中注入错误，否则这些保护代码是不会被执行的。

因此，虽然我们要追求较高的语句覆盖率（也许 90% 或 85% 以上），但是当语句覆盖率较低时，就需要去实际分析一下那些没有被执行的代码，到底是测试用例的疏忽，还是冗余代码，亦或是本身起保护作用的代码。

但是，对于一般的 if 结构的判断语句，假设判断语句 if（x＞0 ＆＆ y＜0）中 "＆＆" 被误写成 "｜｜"，即 if（x＞0 ｜｜ y＜0），仿真过程中仍可达到 100％ 的语句覆盖，因此语句覆盖无法发现逻辑错误。在六种逻辑测试中，语句覆盖是最弱的。

3.1.2.4.2　分支覆盖

分支覆盖又称判断覆盖，是指针对类似 if、case 这样的分支结构语句，设计足够多的测试用例，使得代码中的每个分支至少被执行一次。

（1）if 分支语句

对于一般的 if 的分支结构语句来说，在仿真过程中，如果被测程序中＜条件句＞将 "真""假" 分支都执行，则其分支覆盖就完全。不过，在时序逻辑中常出现 if 语句没有 else 分支与之对应（在组合逻辑中尽量避免分支不对应）的情况，此时，大部分仿真器都会自建一个 false 这样的分支与之对应。但是如果＜条件句＞在仿真时不出现 false 的情况，仿真器会算一次分支未达。例如，时序逻辑进程中的如下语句：

```
VHDL 语句
if（clr = '1'）then
    q ＜= d；
end if；
Verilog 语句
if（clr = = '1'）
    q ＜= d；
end；
```

如果 en 在整个仿真过程中均是高电平，则分支覆盖率测试会报告没有覆盖到 "错" 分支。同样地，有时候列出所有的分支，但是还可能会出现分支覆盖不全的情况。例如，组合逻辑进程中有如下片段语句：

```
VHDL 语句
if（crl = '1'）then
    q ＜= c；
elsif（clr = '0'）then
    q ＜= d；
end if；
Verilog 语句
if（clr = = 1'b1）
    q ＜= c；
else if（clr = = 1'b0）
    q ＜= d；
end；
```

虽然仿真过程中 clr 对 1 和 0 的值都出现过，但是由于第二个 elsif（针对 VHDL）或 else if（针对 Verilog）开始对应一个新的 if 分支语句，而新的语句分支对应的＜条件句＞在仿真时必须取到"真""假"两个值，才能够说明分支都被覆盖到，因此，仿真器会报出第二个 elsif（针对 VHDL）或 else if（针对 Verilog）的分支覆盖不全。但是根据代码逻辑可知，新开启的 if 分支语句只能出现"真"这一种情况，因此，在编写代码时要尽量规范，上述逻辑用如下方式编写代码，就可以避免这种问题：

VHDL 语句

```
if (crl = '1') then
    q <= c;
else
    q <= d;
end if;
```

Verilog 语句

```
if (clr == 1'b1)
    q <= c;
else
    q <= d;
end;
```

（2）case 分支语句

case 分支语句并不是当做一个整体来看待分支覆盖的，而是每个 case 分支单独看成一个类似 if 结构的分支语句，只要该 case 分支的条件判断部分在整个仿真中出现过"真""假"这两种情况，则这 case 分支被覆盖。

要想达到 100％的分支覆盖，需要确保 FPGA 设计代码中的所有分支语句的条件判断处，在仿真进行过程中均能够取到"真""假"两种情况。

测试的充分性：假设判断语句 if（x＞0 && y＜0）中"&&"被误写成"||"，即 if（x＞0 || y＜0），仿真过程中仍可达到 100％的分支覆盖，因此分支覆盖也无法发现逻辑错误。跟语句覆盖相比，由于可执行语句不是在真分支，就在假分支上，所以只要满足了分支覆盖标准就一定满足语句覆盖标准，反之则不然。因此，分支覆盖比语句覆盖更强。

3.1.2.4.3　条件覆盖

条件覆盖可以看做是对分支覆盖的补充，它关注的是分支语句中的＜条件句＞的逻辑条件是否被完全执行。请看类似如下 if 分支语句的一个极端例子：

VHDL 语句

```
if('1' or a) then
......
```

Verilog 语句

```
if （ 1'b0 && a）
    ......
```

其中 a 的结果为 1 bit，那么，无论 a 为何形式，它在整个仿真过程中都不会得到执行，因为"1 逻辑或任何数都得 1，0 逻辑与任何数都得 0"。因此一个正常的仿真工具，在读到如上分支语句的逻辑或、逻辑与符号时，就已经知道了整个条件判断的结果，而无须在对后续语句进行多余的分析。因此，使用条件覆盖率就可以找到这部分子表达式始终得不到仿真执行的情况。

测试充分性：由上可知，达到 100％的分支覆盖标准，不能达到 100％的条件覆盖标准，反之，达到 100％的条件覆盖标准，也不能达到 100％的分支覆盖标准，也就不一定能够达到 100％的语句覆盖标准。

3.1.2.4.4　表达式覆盖

表达式覆盖是指分析所有能引发表达式赋值改变的情况，例如：

```
VHDL 语句
b <= '1' or a;
Verilog
b <= 1'b0 && a;
```

测试充分性：变量 a 赋值变化应覆盖 0 和 1 两种情况。

3.1.2.4.5　位翻转覆盖

位翻转覆盖包括两态翻转（0、1）和三态翻转（0、1、z），它针对的是更为细节一些的代码覆盖情况。其中，比较常用的是两态翻转，它几乎可以针对 HDL 中的所有信号量进行统计。例如，对于一个单比特的信号量来说，只有其在仿真过程中，从 0 到 1 以及从 1 到 0 这两种情况的翻转均发生过，针对它的翻转覆盖才是全面的。而对于其他类型信号量的翻转覆盖来说，可以分解成单比特或者参考单比特得出。那么，对于整个 FPGA 设计来说，要想位翻转覆盖率达到 100％，必须保证所有信号量都被翻转完全。但是，位翻转覆盖率有时候也是无法达到 100％的，例如，功能上要求 FPGA 的某个管脚上电后必须持续拉高。不过，即使翻转覆盖率达到了 100％，但很可能分支覆盖率或语句覆盖率没有达到 100％，反之亦然，因为它们所关注的内容不同。由于翻转覆盖关注了更加细节的东西，所以其执行起来的时间消耗更大，因此使用频度并不是很高。

3.1.2.4.6　状态机覆盖

状态机覆盖其实并不是一个新的覆盖，它其实就是分支覆盖、翻转覆盖等的结合体，主要是检查时序电路中有状态机时是否把状态机所有可能的状态都执行了，通过测试平台对 RTL 代码进行仿真测试后，使用的仿真测试工具一般都能够统计出状态机覆盖情况。依据状态机覆盖情况，可以初步判断代码在仿真过程中哪些状态未跳转到，测试人员再进一步分析是激励不够充分还是代码设计本身存在无法跳转到的状态导致的状态机未覆盖完全。

3.1.2.5　功能测试

功能测试是指对软件需求规格说明等文档中规定的所有功能需求逐项进行测试，根据功能测试用例逐条测试，检查软件是否达到功能要求。功能测试一般包括以下内容：

1）对存在边界值的功能项合法的以及非法的边界值进行测试。合法边界值，即开发文档所规定的有效定义域内的数据；非法边界值，即开发文档所规定的有效定义域外的各类数据。如某周期信号，周期定义域为 ［10 ms，20 ms］，在定义域范围内的周期信号为正常值；不在定义域范围内的各类数据均为非正常值。

2）在配置项测试时对配置项控制流程的正确性、合理性等进行验证。

3）功能的每个特性至少被一个正常测试用例和一个被认可的异常测试用例所覆盖。正常测试用例，即输入有效数据，用于证实软件功能需求已经满足，即衡量软件是否完成了它应该完成的工作；异常测试用例，即输入无效数据（某个无法接受、反常或意外的条件或数据），用于论证只有在所需条件下才能够满足该需求，测试软件是否不执行不应该完成的工作。

4）如有必要，需对程序代码、逻辑综合后网表文件及布局布线后网表文件的逻辑一致性开展检查。

示例：

· 将数据按照图像数据优先于工程数据的顺序存到外部 SRAM 中。

· FPGA 控制 A/D 采集，每路各采样 8 次，8 次结果去掉最大值和最小值平均并保存采样结果。

· 实现对 CPU 片选信号和地址总线的译码。

· 根据指令完成系统工作模式的转换。

· 图像缓存 FIFO 超过半满时，FPGA 产生一有效高电平不小于 200 ns 的中断输出信号。

根据不同的设计和功能需求，功能测试时采用不同的功能需求分解方法，常见的 FPGA 功能测试方法主要包括以下几种：

（1）等价类划分法

等价类划分法是将需求中功能输入要求进行分解，将输入域划分成若干部分，然后从每个部分中选取少数代表性数据作为测试用例，每一类的代表性数据在测试中的作用等价于这一类中的其他值。等价类划分法必须在分解输入要求的基础上列出等价类分解表，划分出有效等价类及无效等价类。

1）有效等价类：对于功能需求来说是合理的、有意义的输入数据构成的集合。利用有效等价类可检验软件是否实现了软件需求规格说明中所规定的功能。

2）无效等价类：与有效等价类相反。对于功能需求来说是非法的，但有意义的数据集合。利用无效等价类可检验软件在功能实现的基础上是否对异常输入进行了保护。

（2）边界值分析法

边界值分析法是针对软件边界情况进行验证。通常需要选择边界内、边界上及边界外的值对程序进行验证。对于边界值分析法主要步骤如下：

1）分析软件文档，找出功能需求中所有可能存在的边界条件。

2）对于边界条件，找出边界内、边界上及边界外的输入数据。

3）根据输入数据设计测试用例。

（3）猜错法

猜错法是基于经验和直觉推测程序中所有可能存在的各种错误。通过列举出程序可能有的错误表和易错情况表，有针对性地设计测试用例。

（4）判定表法

判定表是分析和表达多逻辑条件下执行不同操作情况的工具。通常由四部分组成：条件桩，条件项，动作桩，动作项。任何一个条件组合的特定取值及相应要执行的操作构成规则，判定表中贯穿条件项和动作项的一列就是一条规则。该方法主要步骤如下：

1）确定规则的个数。假设有 n 个条件，每个条件有 2 个取值，则有 $2n$ 种规则。

2）列出所有的条件桩和动作桩。

3）填入条件项。

4）填入动作项，并制定初始的判定表。

5）合并相似规则或相同动作，简化判定表。

（5）因果图法

因果图法是从 FPGA 软件需求规格说明描述的自然语言中找出功能的因（输入）和果（输出或状态改变），通过因果图转换为判定表，根据判定表设计测试用例。该方法主要步骤如下：

1）分析软件需求规格说明，找出功能的因和果。

2）分析软件需求规格说明中描述语义的内容，并将其表示成连接各个原因与各个结果的"因果图"。

3）标明约束条件。由于环境等限制，有些因果的组合情况是不可能发生的。为表明特殊情况，需要在因果图中标明约束条件。

4）将因果图转换为判定表。

5）对判定表中每一列表示的情况设计测试用例。

3.1.2.6　性能测试

应对需求规格说明等文档中规定的各项性能进行测试，一般包括以下内容：

1）测试软件的时间指标。

2）测试软件的精度指标。

3）在典型工况、最大工况、最小工况（三种工况）下，测试软件的其他性能指标，如为完成功能所需处理的数据量、为完成功能所需的运行时间、最大工作频率等。

解释：

- 测试输出电平信号的电平宽度是否满足要求，如：看门狗复位信号宽度等。
- 测试为完成功能所需处理的数据量或数据处理的精度，如：坐标计算精度为 $\pm 0.1°$。
- 测试为完成功能所需的运行时间，如：FPGA 应在 2 ms 之内完成对一幅图像（800×600）的 4 倍压缩。
- 测试输出信号的速度，如：串行通信波特率为 9 600（1±3%）bps。
- 对外部特定速率的输入信号能正确处理。

示例：

- FPGA 应在 2 ms 之内完成对一幅图像（800×600）的 4 倍压缩。
- 串行通信波特率为 9 600（1±3%）bps。
- 坐标计算精度为 $\pm 0.1°$。

3.1.2.7　时序测试

时序测试属于配置项测试时开展的测试，测试方法包括功能仿真、时序仿真、静态时序分析。

时序测试应在三种工况下，对软件的时延、建立时间、保持时间等指标进行测试，一般包括以下内容：

1）测试建立、保持时间是否满足要求，一般须进行：外部接口的建立和保持时间的测试；内部寄存器的建立和保持时间的测试。如：DSP 数据总线读操作时数据的保持时间最少为 20 ns；Flash 写操作的时序应满足芯片手册中的要求。

2）测试时序控制信号相位、时延、电平宽度等是否满足要求。如：控制信号 A、B、C、D 四路信号的相位满足时序图的设计要求。

3）测试脉冲信号的频率、占空比等是否满足要求。

最大工况是温度取允许范围内的最大值、电压取允许范围内的最小值，编译器以此条件为依据，给出布局布线后的各个门延迟和线延迟参数，供时序分析工具进行分析。由于此时为延迟最大的极限情况，故最大工况主要关注 FPGA 设计在实现时，各个寄存器的建立时间是否满足极限要求，从而可以确定各个时钟信号所能够允许的最大工作频率。

最小工况的情况则是温度取允许范围内的最小值、电压取允许范围内的最大值。由于此时为延迟最小的极限情况，故最小工况主要是关注各个寄存器的保持时间是否满足极限要求。

典型工况的情况则是温度取常温（通常为 25 ℃）、电压取手册推荐值。此时对建立和保持时间的要求都比较适中，是较为常见的工作情况，主要用于分析普通情况下寄存器是否能够正常工作。

3.1.2.8　接口测试

接口测试实际上是数据传递的一种表现，是对软件需求规格说明书以及设计文档中规定的所有外部接口逐项进行的测试，主要用于检测外部系统与系统之间的交互点，测试的重点是数据的交换、传递和控制管理过程，以及系统间的相互逻辑依赖关系等。

1）接口测试需检查接口的正确性，即检查接口信号间的时序、协议、内容以及数据传输的正确性，数据传输的正确性需考虑业务间的依赖关系；

2）接口的每一个特性至少被一个正常测试用例和一个被认可的异常测试用例覆盖。被认可的异常测试用例指接口输入异常，接口输入异常需考虑数据异常、测试环境异常等情况，并验证输入异常对软件功能、性能影响与预期输出的一致性；

3）接口输入数据至少包括有效等价类值和无效等价类值，覆盖不同通信速率以及不同错误类型，验证输入对软件功能、性能的影响与预期输出的一致性。

3.1.2.9　强度测试

强度测试是强制可编程逻辑器件运行在不正常到发生故障的情况下（设计的极限状态到超出极限），检验软件在扩展情况下可以工作的临界点和系统的稳定性，从而发现软件的缺陷。强度测试分为高负载下的长时间的稳定性强度测试和极限负载情况下导致系统崩溃的破坏性强度测试。

强度测试适用在可变负载下运行的程序，以及人机交互式程序、实时程序和过程控制程序。强度测试通常包括以下几个方面：

（1）提供最大处理的信息量

例如，假如某个海面航行控制系统要求在一特定区域内最多可航行 100 艘轮船，则可以模拟 100 艘轮船存在的情况来对其进行强度测试。

（2）提供数据处理能力的饱和试验指标

例如，某串口的波特率为 9 600 bps，发送数据时有 1 个起始位、8 个数据位、1 个停止位，10 位发送时间为 10.42 ms，设置发送时间间隔非常的小（根据实际要求设置最小值），通过查看接收端数据验证软件的功能。

（3）在错误状态下进行软件反应的测试

在错误（如寄存器数据跳变、错误的接口）状态下进行可编程逻辑器件反应的测试。

（4）在规定的持续时间内，进行连续非中断的测试

例如，某 FPGA 软件按照正常工作流程满负荷运行在高温、低温、常温环境下连续工作时间最长不超过 4 小时。可以在实物测试环境下，FPGA 软件按照正常工作流程满负荷运行在高温、低温、常温情况下连续工作 4.8 小时，观察 FPGA 软件是否能正常运行，验证 FPGA 软件是否满足时间强度要求。

很多强度测试体现的是程序在运行过程中可能会遇到的情况，然而也有另外一些强度测试确实体现了"不可能发生的"情况，但这并不意味这些测试是无用的。如果在这些不可能发生的情况下检查出了错误，这项测试就是有价值的，因为同样的错误在现实环境中是有可能发生的。

3.1.2.10　余量测试

余量测试应对软件的余量要求进行测试，一般应包括如下内容：

（1）经过布局布线后的软件的资源使用情况

一般情况下，在进行芯片选片的时候应考虑留有一定的余量，通过查看布局布线后的

报告文件，确认资源余量是否满足要求（通常情况下资源余量为 80％）。

（2）经过布局布线后的软件的时钟余量

在不同环境（温度、电压等条件）下，FPGA 路径的延时是不一样的，因此为保证 FPGA 在各种工况条件下均无时序违反的路径，FPGA 在设计时应保持有一定的时钟余量。

开展时钟余量测试时，运行静态时序分析工具，首先加载标准延时文件和网表文件，并设置相关时钟域的时钟约束，然后开展静态时序分析，通过分析静态时序分析报告，确认 FPGA 设计时钟余量是否满足要求（通常情况下时钟余量为 80％）。

（3）输入/输出及通道的吞吐能力余量

按照余量要求，设置数据的通信速率（设置时考虑余量的要求），在输入/输出端口或者通道上进行数据的传输，通过查看数据是否能够正确地接收或输出，而且能够被正确地处理，确认吞吐能力的余量是否满足要求。

（4）功能处理时间的余量

从数据接收到的时刻开始，到数据处理完成并正确输出的时刻为止，计算功能处理的时间，从而得到相关的余量。

3.1.2.11　安全性测试

应对被测软件是否满足安全性要求的情况进行测试，即对异常条件下 FPGA 的处理和保护能力的测试（不会因为可能的单个或多个输入错误而导致不安全状态）。一般包括以下内容：

（1）对状态机可能出现的异常情况进行测试

当设计中使用了状态机且状态机存在无效状态时，应对状态机开展安全性测试，验证当状态机进入无效状态时，能够跳转到初始状态，不会出现死锁的情况。

测试时对设计开展门级仿真，加载综合后的网表文件，设置状态机进入无效状态，验证是否能够正确跳出无效状态。

（2）测试抗状态翻转措施的有效性

在设计中为防止因状态的翻转导致出现功能的错误，通常采用诸如三模冗余等方法进行抗状态翻转的设计。

在测试过程，使用门级仿真的方法开展测试，在测试中人为设置 bit 位翻转，验证措施的有效性。

（3）测试防止危险状态措施的有效性和每个危险状态下的反应

对异常条件下软件的处理和保护能力的测试，以保证不会因为可能的单个或多个输入错误而导致不安全状态。

测试误触发操作对软件的影响，例如防止软件将毛刺信号当做有效信号进行误操作，可加滤波对信号进行过滤；测试飞机执行任务时危险状态下的反应，例如飞机执行任务时找不到目标或者飞行姿态不受控制时进行自毁操作。

（4）测试设计中用于提高安全性的结构、算法、容错、冗余等方案

例如，FPGA 设计中应尽量采用同步设计，在必须使用异步设计时应进行同步化处理；在资源允许情况下，应对关键功能采用三模冗余的设计方法；设计时合理划分模块，结构层次不宜太深，3～5 层即可。

（5）测试设计中的跨时钟域信号处理的有效性

跨时钟域信号容易出现不满足建立保持时间要求的情况，导致亚稳态现象，因此避免直接使用跨时钟域信号，应通过采用双采样、FIFO 等方式对跨时钟域信号进行处理。

（6）进行边界、界外及边界结合部的测试

根据边界要求，针对各个参数允许的取值范围，验证参数取边界最大值、最小值时，软件是否输出正确；取边界以外的值，验证超出取值范围时，软件对超范围值是否进行处理，软件是否输出正确。

例如，输入条件规定的取值范围为 $10 < X < 50$，可取的边界值为 5、10、15、45、50、55。

（7）进行最坏情况配置下的最小输入和最大输入数据率的测试

最坏情况指超负荷、饱和等情况。

（8）测试工作模式切换和多机替换的正确性和连续性

例如，为了系统/软件的安全性，将数据服务、应用服务进行主从备份，当主机发生宕机情况时，系统/软件自动切换到备机，系统/软件不受主备切换的影响，可正常使用。

3.1.2.12　边界测试

应对软件处在边界或端点情况下的运行状态进行测试，一般包括以下内容：

（1）对软件输入域或输出域的边界或端点进行测试

例如，输入条件规定的取值范围为 $10 < X < 50$，可取得边界值为 5、10、15、45、50、55。

（2）对功能界限的边界或端点进行测试

例如，对载频进行边界测试，要求载频码满足 $1516H \leqslant RF \leqslant 1B5AH$ 的要求，若载频码错误，则 FPGA 不接收该帧数据，且不影响下一帧正确数据的接收。

（3）对性能界限的边界或端点进行测试

例如，系统/软件读取 10M 以下模型不超过 5 s，可取 8M 模型、10M 模型、12M 模型分别对性能进行验证。

（4）对状态转换的边界或端点进行测试

3.1.2.13　功耗测试

应对被测软件运行时所消耗的功率进行分析，一般包括以下内容：

1）在典型工作频率、工作电压、环境温度、输入信号频率、输出负载电容和驱动电流、内部信号的翻转率等约束条件下，进行功耗分析。

2）在典型运行时间条件下，进行功耗分析。

3.2 验证流程

相对于 FPGA 软件的开发设计流程，FPGA 软件的验证流程如图 3-13 所示。

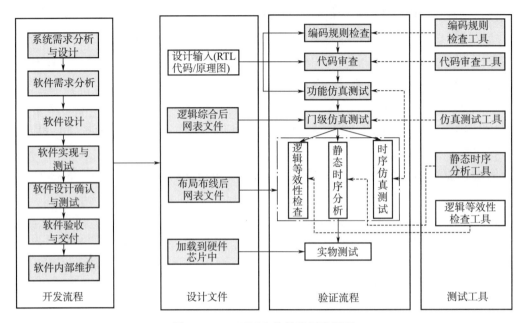

图 3-13　FPGA 软件验证流程图

图中的验证流程为全面的验证流程，验证人员可根据具体的验证要求进行裁剪。

3.2.1 测试目的

可编程逻辑器件软件验证的目的是：

1）验证可编程逻辑器件软件是否满足研制任务书、需求规格说明、设计说明等所规定的要求。

2）发现可编程逻辑器件软件错误。

3）为可编程逻辑器件软件产品质量的评价提供依据。

3.2.2 测试内容

可编程逻辑器件软件测试过程中，应根据研制任务书、需求规格说明、设计说明等文档要求，采用合理的测试方法，对可编程逻辑器件软件单元、配置项、系统的功能要求、性能要求、时序要求、接口要求、强度要求、余量要求、安全性要求、边界要求和功耗要求等开展测试，主要涉及编码规则检查、跨时钟域分析、静态时序分析、仿真测试等。

3.2.2.1 编码规则检查

硬件描述语言是当前 FPGA 芯片开发过程中使用的最主要的输入方式，通过行为描述实现逻辑电路和系统的设计，使 FPGA 芯片开发具有了软件开发的特点。为了实现 FPGA 设计需求，需要制定相应的编码规范，对设计者的编码行为进行约束，包括命名规则、语句使用、时钟复位、注释、代码结构、代码优化等编码规则，能够有效提高代码整洁度，加强代码可读性、可移植性、规范性等。

通常编码规则检查使用工具完成，更客观也更有效，避免了主观意识的影响，提高了对代码编码规则检查的正确性和科学性。一般用来进行编码规则检查的有 HDL Designer、LEDA 等工具，其中包括了 Altera 和 Xilinx 公司的设计准则，用户还可以根据需求设计属于自己的设计准则，在进行编码规则检查时使之更符合自己的习惯。

通过工具的检查，我们可以清晰看到编码规则检查报告，可以直接找出代码设计中的问题。

3.2.2.2　跨时钟域分析

跨时钟域问题主要分为 3 类：亚稳态的传播、不同时钟域之间信号传播时出现数据破坏、当 CDC 信号再聚合时导致功能错误，其中的根本原因是亚稳态引起的。

当设计中出现了多个时钟域，必然会存在跨时钟域的延时路径，延时路径如果处理不得当，可能会引起跨时钟域的问题，致使设计不能完成预想的功能或者不能稳定工作。

跨时钟域分析主要使用检查工具（如 Questa CDC、SpyGlass 等），能够尽量找到代码中的亚稳态问题，经过分析指出可能引起亚稳态的信号，帮助开发者及时解决代码中的亚稳态问题，提高了测试的完备性以及设计的合理性。

3.2.2.3　静态时序分析

静态时序分析是设计者对程序代码设定了一些固定的时序要求，电路需要按照规定好的时序要求工作。测试者需要对特定的电路进行测试验证，确保电路满足设计者设计的时序要求。

FPGA 可多次编程、多次修改的特性使得设计者检验时序的难度很大，而且随着 FPGA 的设计规模越来越庞大，对设计进度要求也越来越高，这时静态时序分析就展现了它的独特魅力。通过静态时序分析工具，我们可以使用一种穷尽分析的方法来计算电路中所有路径上的时延，确定违背时序约束的路径，主要是检查建立时间与保持时间是否满足要求。同时静态时序分析不依赖激励，且可以穷尽所有路径，速度非常快，占用内存很少。

总的来说，静态时序分析能够非常快速地覆盖所有路径，找出违背时序约束的路径，能够生成全面的时序冲突的报告，能够完成仿真所不能实现的复杂分析。但是静态时序分析并不能完全代替动态仿真，静态分析需要与动态仿真相结合。

3.2.2.4　仿真测试

仿真测试包括前仿真和后仿真。前仿真也就是通常所说的功能仿真，是 RTL 仿真，可以用来验证 RTL 代码的正确性，通过仿真测试产生的波形判断设计是否能满足需求。后仿真是综合布局布线后的门级仿真或时序仿真，对象是电路网表，是电路级仿真。门级仿真不加入时延和约束信息，时序仿真加入了时延、约束等信息。

仿真测试简单来说是模拟给出激励,通过仿真产生波形,查看波形是否满足设计要求。仿真测试首先要确保 FPGA 设计符合规范要求,还要保证测试手段、测试方法、测试平台的搭建都是合理恰当的。

通常我们利用仿真工具(ModelSim、Questa Sim、VCS)来进行仿真测试,首先是要搭建一个测试平台。测试平台运行在仿真工具软件中,由激励模块、待测设计和接收模块三部分组成。激励模块可根据测试用例的需要产生特定时序和相位的激励信号给待测设计。接收模块负责接收并采集待测设计的激励响应输出信号,并可对输出信号的正确性进行判断。通过这种方法测试工程师可以通过观察波形来检查结果。

3.2.3 测试过程

随着 FPGA 设计规模的不断扩大以及广泛应用,其重要性和复杂性也日渐提高,对 FPGA 测试的需求也日益迫切。FPGA 测试是对 FPGA 设计开发的把关,是设计开发的质量保证。

FPGA 测试验证跟设计开发相辅相成。要了解 FPGA 验证的流程,首先需要对 FPGA 设计开发流程进行研究和分析。

(1) HDL 的设计与验证流程

HDL 的基本功能就是有效地描述并仿真硬件系统。本节我们抛开具体的 PLD 或 ASIC 设计流程,从 HDL 层次入手,分析典型的 HDL 设计与验证流程,如图 3 - 14 所示。

①系统与功能模块定义(系统与功能模块级)

在大型系统的设计与实现中,首先要进行详细的系统规划和描述。此时 HDL 描述侧重于对整体系统的规划和实现,系统级仿真的主要目标是对系统的整体功能和性能指标进行衡量。系统级设计与仿真多采用高级描述语言,如 C/C++、System C 和 System Verilog 等。系统级描述完成后,应该进一步将系统功能划分为可实现的具体功能模块,大致确定模块间的接口,如时钟、读写信号、数据流和控制信号等,并根据系统要求描述出每个模块或进程的时序约束,这个细化的过程被称为功能模块级设计。

功能模块级仿真主要是考察每个子模块或进程的功能与基本时序。在系统级与功能模块级设计层次,必须整体权衡多种实现方案之间孰优孰劣,根据系统性能指标要求,从整体上优化实现方案,从而更有效地满足设计需求.

②行为级(Behavior Level)描述测试激励

行为级模块描述的最大特点是必须明确每个模块间的所有接口和边界。此时模块内部的功能已经明确,模块间的所有接口、顶层的输入和输出信号等在行为级已经被清晰地描述出来。在 PLD 和 ASIC 设计流程中,常用行为级描述方式编写测试激励。延时描述、监视描述等命令都是在编写测试激励的过程中常用的行为级语法。行为级描述常使用的 HDL 有 Verilog 和 VHDL 等。

③寄存器传输级（Register Transfer Level，RTL）

寄存器传输级指不关注寄存器和组合逻辑的细节（如使用了多少逻辑门，逻辑门之间的连接拓扑结构等），通过描述寄存器到寄存器之间的逻辑功能描述电路的 HDL 层次。RTL 是比门级更高的抽象层次，使用 RTL 语言描述硬件电路一般比门级要简单、高效得多。寄存器传输级描述的最大特点是可以直接用综合工具将其综合为门级网表。RTL 设计直接决定着设计的功能和效率。好的 RTL 设计能在满足逻辑功能的前提下，使设计的速度和面积达到一种平衡。RTL 描述最常用的 HDL 是 Verilog 和 VHDL。

④对 RTL 描述进行功能仿真

一般来说，需要对 RTL 设计进行功能仿真，仿真的目的是验证 RTL 描述是否与设计意图一致。为了提高效率，功能仿真的测试激励一般使用行为级的 HDL 描述。

⑤逻辑综合（使用 RTL 的 EDA 工具）

RTL 综合指将 RTL 的 HDL 翻译成由与、或、非门等基本逻辑单元组成的门级连接（网表），并根据设计目标与要求（约束条件）优化所生成的逻辑连接，输出门级网表文件。随着综合工具的不断智能化，使用 RTL 语言描述硬件电路越来越方便，特别是在可编程逻辑器件（PLD，主要指 FPGA 和 CPLD）设计领域，最重要的代码设计层次就是 RTL。

⑥门级（Gate Level）

目前大多数的 FPGA 设计都依靠专业综合工具完成从 RTL 代码向门级代码的转换，设计者直接用 HDL 描述门级模型的情况越来越少，高效的综合工具将设计者从复杂烦琐的门级描述中彻底解放出来。目前要直接使用门级描述的情况一般是 ASIC 和 FPGA 设计中有面积要求或时序要求较高的模块。门级描述的特点是整个设计用逻辑门实现，通过逻辑门的组合显化描述设计的引脚、功能和时钟周期等信息。

⑦综合后门级仿真

综合完成后如果需要检查综合结果是否与原设计一致，就需要进行综合后仿真。在仿真时，把综合生成的标准延时文件反标注到综合仿真模型中去，可估计门延时所带来的影响。综合后仿真虽然比功能仿真精确一些，但是只能估算门延时，不能估算线延时，仿真结果与布线后的实际情况还有一定的差距，并不十分准确。这种仿真的主要目的在于检查综合结果是否与原设计一致。

目前主流综合工具日益成熟，对于一般性设计而言，如果设计者确信自己的表述准确，不会产生歧义，则可以省略综合后仿真这一步骤。一般情况下，综合后仿真与功能仿真的仿真激励相同。

⑧布局规划与布局布线

综合的门级结果最终要映射到目标库（如 ASIC 设计）或目标器件（如 PLD 设计）中。由于本书的重点为 HDL 设计，因此这里不再深究 ASIC 与 PLD 设计的相关流程。

⑨布局布线后的时序仿真与验证

将最终布局规划与布局布线的延时信息反标注到设计网表中所进行的仿真就叫时序仿

真或布局规划与布局布线后仿真，简称后仿真。布局规划与布局布线之后生成的仿真延时文件包含的延时信息最全，不仅包含门延时，而且还包含实际的线延时，所以时序仿真最准确。它能较好地反映芯片的实际工作情况，建议进行时序仿真，通过时序仿真可以检查设计时序与芯片的实际运行情况是否一致，确保设计的可靠性和稳定性。时序仿真的主要目的在于发现时序违规（Timing Violation），即不满足时序约束条件或者器件固有时序规则（建立时间、保持时间等）的情况。

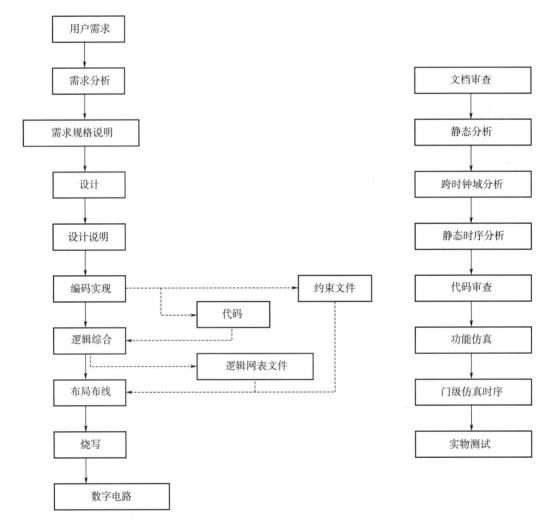

图 3 - 14　HDL 设计流程与对应的验证流程

可编程逻辑器件的设计开发过程和测试过程的对应关系如图 3 - 15 所示。

（2）测试流程

军用可编程逻辑器件软件测试的过程一般包括测试策划、测试设计和实现、测试执行、测试总结和回归测试。相邻工作应体现独立性要求，在测试计划中区分软件评测需求、设计和执行等角色。各阶段需要出具的测试文档与测试阶段的对应关系见表 3 - 9。

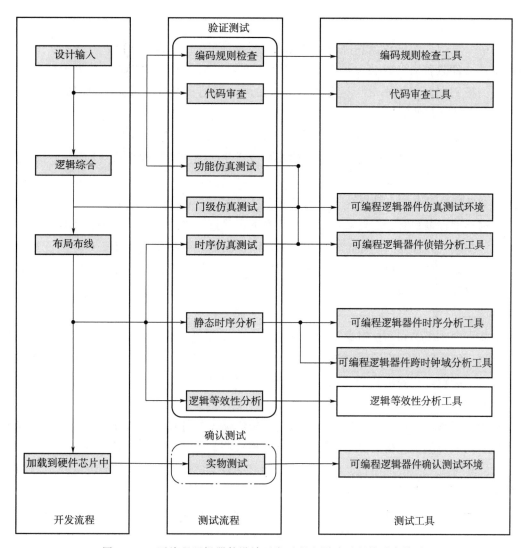

图 3－15　可编程逻辑器件设计开发过程和测试过程的对应关系

表 3－9　测试文档与测试阶段的对应关系

序号	测试阶段	测试文档
1	测试策划	测试计划 测试需求规格说明
2	测试设计和实现	测试说明
3	测试执行	测试记录
4	测试总结	测试报告

　　在测试执行过程中，应用的测试方法一般包含：设计检查、功能仿真、门级仿真、时序仿真、静态时序分析、逻辑等效性检查、实物测试。

3.2.3.1　测试策划

根据可编程逻辑器件软件测评任务书、合同、研制总要求或其他等效文件，以及可编程逻辑器件软件需求规格说明和设计文档等进行测试策划。该阶段包含两个过程：测试过程的策划和测试需求分析，分别对应输出测试计划和测试需求规格说明文档。

（1）测试过程的策划

在开展测试过程的策划时，首先确定测试策略，包括技术策略和管理策略，指导后续整个的测试工作。同时，确定测试需要的技术或方法，如测试数据生成与验证技术、测试数据输入技术、测试结果获取技术等。此外，在测试时，需要对测试的环境或资源进行描述，包括软硬件设备、环境条件、人员数量和技能等。

在进行过程策划时，需要对测试可能存在的风险进行充分的分析，如技术风险、人员风险、资源风险和进度风险等，并明确规避风险的措施。过程策划中还需确定要受控制的测试工作产品，列出清单。另外，在该过程策划中，还需确定测试的结束条件、评价要求和测试进度等内容。该过程策划最终形成测试计划文档。

测试计划文档应经过评审，得到相关方的认同，并应受到变更控制和版本控制，评审时应关注：测试级别和测试对象所确定的测试类型及其测试要求是否恰当；每个测试项是否进行了标识，并逐条覆盖了测试需求和潜在需求；测试类型和测试项是否充分；测试项是否包括了测试终止要求；文档是否符合规定的要求。

（2）测试需求分析

在测试需求分析阶段，首先对被测可编程逻辑器件软件进行充分的分析，确定测试级别。然后依据可编程逻辑器件任务书、需求规格说明、芯片手册等技术文件分析被测软件的测试需求，确定需要的测试类型及其测试要求并进行标识，对每个测试对象分别确定需要的测试类型及其测试要求并进行标识（编号），标识应清晰、便于识别。

为保证测试的充分性，应采取合适的测试类型，即根据被测可编程逻辑器件软件的重要性、测试目标和约束条件，确定该测试类型所应覆盖的范围及范围所要求的覆盖程度，并对每个测试类型中的各个测试项及其优先级进行确定，同时确定每个测试项的测试终止要求，包括测试过程正常终止的条件（如测试充分性是否达到要求）和导致测试过程异常终止的可能情况。

另外，应建立测试项与可编程逻辑器件软件任务书、需求规格说明的追踪关系，全面建立软件功能、性能、接口、可靠性、安全性等可追踪性表，确保测试项100％覆盖软件需求、隐含的需求。建议开展软件需求至测试项、测试项至软件需求的双向追踪。

图3-16描述了被测试可编程逻辑器件外围接口，对每一个接口应进行分析，并分解出相应的测试项。

以计算机单元接口为例，分析如表3-10所示。

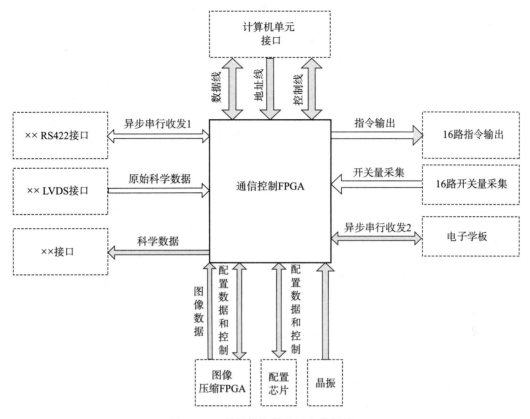

图 3-16　某通信控制 FPGA 外围接口

注：在需求分析过程中，不仅应充分分析可编程逻辑器件文档中的功能要求，同时还应对芯片手册或者电路原理图中外围接口芯片的信号特点及时序要求予以关注。

表 3-10　CPU 总线、控制接口及时序

标识:IF-CPU-01					
序号	信号名称	方向	连接对象	说明	初始/复位值
1	cpu_a(0~6)	I		地址总线,CPU 地址总线	/
2	cpu_d(0~15)	双向		数据总线,CPU 数据总线	/
3	rd	I		读脉冲,低有效	/
4	wr	I		写脉冲,低有效	/
5	cs0	I	CPU	图像压缩片选,低有效	/
6	cs5	I		通信控制片选,低有效	/
7	reset	I		系统复位,低有效	/
8	int	O		中断信号,下降沿有效	0
9	cs	O		总线控制片选,控制数据总线的使能端,由 cs0 和 cs5 相与得到	0

续表

接口时序图：

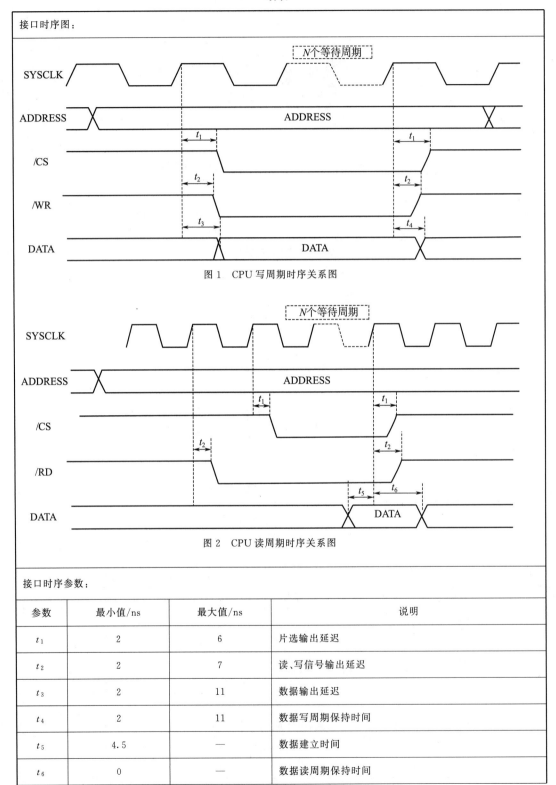

图 1　CPU 写周期时序关系图

图 2　CPU 读周期时序关系图

接口时序参数：

参数	最小值/ns	最大值/ns	说明
t_1	2	6	片选输出延迟
t_2	2	7	读、写信号输出延迟
t_3	2	11	数据输出延迟
t_4	2	11	数据写周期保持时间
t_5	4.5	—	数据建立时间
t_6	0	—	数据读周期保持时间

续表

分解测试项				
测试类型	测试子项标识	测试子项	测试子项需求描述	测试方法
功能测试	T002－GN001	CPU 扩展指令输出功能	当 CPU 按照附录 C 接口地址分配表中扩展指令寄存器的地址要求,通过数据总线写入 BAKER 码形式的扩展指令命令字时,通信控制 FPGA 应正确响应该指令,完成扩展指令输出功能	功能仿真
接口测试	T002－JK001	CPU 写操作接口测试	当 CPU 按照接口时序要求输入地址信号、片选信号及写信号时,通信控制 FPGA 应能正确响应上述信号,接收 CPU 输入的数据信号	功能仿真
性能测试	T002－XN001	CPU 读时序测试	在 3 种工况下,验证 CPU 按照时序要求进行读操作时,FPGA 是否能正确响应	静态时序分析

3.2.3.2　测试设计和实现

测试设计和实现过程应依据测试计划和测试需求规格说明编写测试说明,对最终分解的每个测试项,进行测试用例设计并说明测试用例的设计方法。该过程输出的测试文档为测试说明。

在测试设计和实现阶段,针对测试需求规格说明分解后的每个测试项,说明测试用例设计方法的具体应用、测试数据的选择依据等,并确定已设计完成的测试用例的执行顺序。依据外部接口输入的数据,设计测试激励数据,且应保证数据的充分性和正确性,并说明测试输入的名称、用途和具体内容。

另外,在测试说明中,应描述每个测试用例的名称,给出标识,并明确所采用的测试方法,以及用例的初始化要求,即测试用例执行之前应该具备的条件。另外,针对测试用例的前提条件和约束条件,如特别限制、参数偏差或异常处理等,应进行明确的说明,并描述对测试用例的影响。为了能够清晰地反映结果的正确性,测试用例设计时需明确期望测试结果,而且期望测试结果应有具体内容(如确定的数值、状态或信号等),不应是不确切的概念或笼统的描述。必要时,需提供中间的期望结果。另外,须给出结果是否通过的评估准则,并且需要依据测试用例要求设计测试环境。例如,依据可编程逻辑器件软件的外围接口要求、功能、性能要求编写测试激励、执行脚本文件,构建用于仿真测试的仿真测试平台,仿真测试平台结构图如图 3－17 所示。

测试说明应经过正式有效的评审,得到相关人员的认同,受到变更控制和版本控制。重点审查测试说明是否完整、正确和规范,测试设计是否完整和合理,测试用例是否可行和充分。同时,测试设计和实现阶段还须开展测试就绪的评审,审查测试文档是否完整、正确;测试需求规格说明、测试计划和测试说明评审中的遗留问题是否得到了解决;评审测试环境与真实环境的差异性,是否满足测试要求,并对测试用例设计的正确性和充分性进行审查。

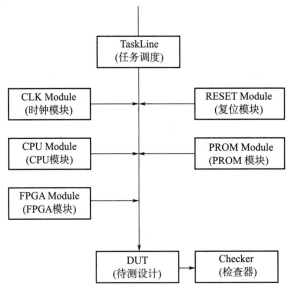

图 3-17　仿真测试平台结构图

注 1：根据测试用例所需要的输入信号时序要求，在 testbench 中编写相应的测试激励信号，使仿真测试平台能够激励被测设计运行某些功能。

注 2：对于某些功能的输出，通过仿真波形可能无法以人工判断的方式来确认其实现是否正确，可在 testbench 中设计检查器，以实现对输出结果的自动判断，提高测试的效率。

测试说明评审与测试就绪评审可同时进行，但应分别有相应的评审记录。

3.2.3.3　测试执行

测试用例设计完成并经过正式评审之后，可以按照测试计划和测试说明的内容和要求执行测试，如实填写测试的原始记录。该过程输出测试记录文档。

测试执行过程中，应真实地记录测试结果，尤其是量值结果。当多次测试时，应如实记录每次的结果，不能够取最大值、最小值或者平均值。测试执行得到实际结果后，根据用例设计时制定的预期结果和评估准则，确认测试用例是否通过。当测试用例不通过时，分析确认是否为软件缺陷，并如实记录在问题报告单中。形成的测试记录，应至少包括测试用例标识、详细的结果描述（仿真结果图、覆盖率信息图等）。另外，须建立问题报告单、测试记录与测试说明的追踪关系。当被测软件由于问题修改或者设计要求变化发生更改时，一般情况下应开展回归测试，对软件修改及影响域进行分析，新增、修改、删减或重用测试用例。

当测试过程正常终止时，即所有的测试用例都执行完毕后，应分析测试工作是否充分，是否需要进行补充测试。如果发现测试工作不足或测试未达到预期要求时，应进行补充测试。当测试过程异常终止时，应记录导致异常终止的条件、未完成的测试或未被修正的错误。

测试记录属原始记录，应进行严格管理。

3.2.3.4　测试总结

根据可编程逻辑器件软件测评任务书、合同、研制总要求或其他等效文件，以及被测可编程逻辑器件软件开发文档、相关的测试文档，对测试工作和被测可编程逻辑器件软件进行分析和评价，形成输出测试报告。

测试总结时应对测试的范围、过程、类型、方法和结果进行详细的描述，尤其是测试结果，应详细描述测试用例的执行情况、不通过情况、发现问题的情况等。总结中应对测试的充分性进行分析和评价，并针对环境的有效性和差异性进行详细的描述，从而体现测试的真实性和可信赖性。

针对测试中发现的问题，应详细描述问题的处理情况以及相关的影响情况，给出问题如何进行修改。当测试过程中测试计划和测试说明发生了变更，总结时应描述测试计划和测试说明的变化情况及原因。当存在不可解决的测试事件，应进行说明并给出不能解决的理由。当测试工作存在遗留问题时，应说明相关问题可能造成的影响和风险。

另外，总结时应给出对被测软件的评价，包括对被测软件的任务书、需求规格说明、设计说明等开发文档的评价。首先明确被测软件的版本以及开发文档版本，说明被测软件与研制任务书、需求规格说明等文档的符合性及差异。针对测试的每一个问题，设计师需要给出答复，必要时测试人员提出改进建议。当存在遗留问题时应进行说明。另外，必要时，应指明测试环境和约束条件等对测试结果和软件运行的影响。

测试总结应开展正式的评审，对整个测试过程的合理性、真实性、有效性和充分性进行审查。审查测试文档与记录内容的完整性、正确性和规范性；审查测试环境是否符合测试要求；审查软件测试报告与软件测试原始记录和问题报告的一致性；审查测试结果的真实性和正确性；对被测软件的评价和建议是否恰当。审查测试需求评审、测试说明评审、测试就绪评审、测试报告评审的有效性，综合分析评审中发现的缺陷、缺陷的归零处理、后续变更的影响。

3.2.3.5　回归测试

回归测试是指被测可编程逻辑器件软件因各种原因（例如：需求变更、问题更改）进行更改后的再测试。回归测试时，必要时需要更新完善相关的测试文档，并在测试报告中描述回归测试的情况。

回归测试时，首先需要依据软件修改报告单对软件修改情况进行确认，并详细分析修改造成的影响，明确相关的影响域，以此作为依据明确回归测试需开展的测试类型、测试方法等。针对问题更改，需要确认问题是否修改正确，且未引入新的问题或缺陷。当被测软件功能、性能等有所更改时，需要对原测试用例进行完善，包括修改、新增、删除和重用等操作，并测试验证更改的正确性。

回归测试可根据软件测评任务书、合同或其他等效文件，以及被测对象的重要性、安全性关键等级等对上述内容进行裁剪，但必须说明理由。

3.2.4　验证问题处理要求

对测试过程中提出的软件问题，依据不同的问题级别应给出相应的处理。一般情况下，对于关键问题、重要问题，软件研制单位必须修改，一般问题原则上要改，对确有不改的问题承研单位应给出分析报告，由软件承研单位、总体单位、软件测试机构（必要时须军方机构，如军代表参加）共同确认，必要时组织专家评审确认；对于建议改进的问题，由承研单位研究分析后给出处理意见，可以不修改。

第 4 章　航天型号可编程逻辑器件软件验证技术

本章针对国军标 GJB 9433—2018 中说明的测试方法进行验证技术介绍，主要包含设计检查、功能仿真、门级仿真、时序仿真、静态时序分析、逻辑等价性检查和实物测试。

4.1　设 计 检 查

设计检查是采用人工（包含工具辅助）的方法，对开发文档及工程文件等进行测试，设计检查一般包含以下工作内容[3]：

1）检查文档的正确性、准确性和一致性。

2）检查代码和设计的一致性、代码执行标准的情况、代码逻辑表达的正确性、代码结构的合理性以及代码的可读性。

3）检查被测试软件的外部接口与其外围接口芯片的接口符合性，被测软件外部接口相关代码在逻辑和时序方面处理方式的合理性。

4）检查内部模块之间接口信号的一致性，内部模块之间接口信号相关代码在逻辑和时序方面处理方式的合理性。

5）检查约束文件的正确性、一致性。

4.1.1　文档检查

依据文档检查单对被测软件文档进行审查，一般包含以下内容：

1）审查文档齐全性。

2）审查文档标识和签署的完整性。

3）审查文档内容的完备性、准确性、一致性、可追溯性。

4）审查文档格式的规范性。

具体要求见 3.1.2.1 节文档审查要求。

4.1.2　代码检查

依据代码审查单对被测软件源代码进行检查，一般包括以下内容：

1）检查工程文件的完整性、一致性。

2）审查代码和设计的一致性。

3）审查代码执行标准的情况。

4）审查代码逻辑表达的正确性。

5）审查代码结构的合理性。

6）审查代码的可读性。

7）审查约束文件的符合性。

8）应根据代码逻辑查找被测软件缺陷。

9）对至少一个完整的功能模块或完整的专题进行走查。

10）人工检查程序逻辑，记录走查结果。

11）必要时，可以画出结构图、状态迁移图和时序关系图等。

4.1.3 跨时钟域检查

4.1.3.1 跨时钟域机理

通俗地说，跨时钟域就是模块之间有数据交互，但是模块用的不是同一个时钟进行驱动，如图 4-1 所示。

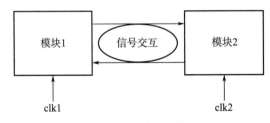

图 4-1 跨时钟域信号

左边的模块 1 由 clk1 驱动，属于 clk1 的时钟域；右边的模块 2 由 clk2 驱动，属于 clk2 的时钟域。

当 clk1 比 clk2 的频率高时，则称模块 1（相对于模块 2）为快时钟域，而模块 2 为慢时钟域。

信号跨时钟域问题（CDC 问题）主要分为 3 类：亚稳态的传播、数据丢失、信号再聚合时引起功能出错。

亚稳态的传播会给系统带来以下的问题：不同的扇出会把不稳定的信号判定为不同的值，这样就使得系统进入了一个未知的状态，导致某些功能失效；造成至少一个周期的传播延时，导致时序问题，如图 4-2 所示。

触发器的输入从较快时钟域进入较慢时钟域时，由于稳定的时间不够长造成没有被较慢时钟域采样到，从而丢失正确的数据，如图 4-3 所示。

当跨时钟域信号再聚合时会引起电路功能错误。由于亚稳态的影响会造成接收到的 CDC 信号发生不可预测的延迟，这些不同延迟的信号在重新聚合时就可能造成采样失败，从而导致功能错误。图 4-4 为跨时钟域信号再聚合的问题模型。

信号再聚合路径常见于多位控制总线信号的跨时钟域传播，跨时钟域再聚合波形分析如图 4-5 所示。

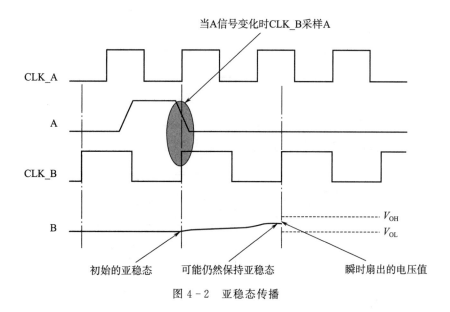

图 4-2　亚稳态传播

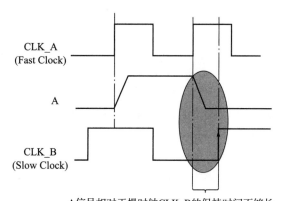

A信号相对于慢时钟CLK_B的保持时间不够长

图 4-3　传输数据丢失

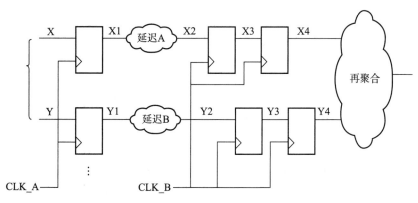

图 4-4　跨时钟域信号再聚合的问题模型

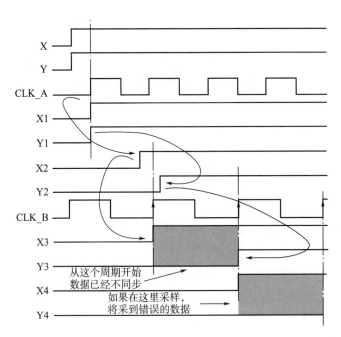

图 4 - 5　跨时钟域再聚合波形分析

4.1.3.2　跨时钟域分类

按照所跨越的时钟为同步时钟还是异步时钟，一般分为两类：跨同步时钟域下，控制信号和数据信号传输；跨异步时钟域下，控制信号和数据信号传输。

在跨同步时钟域的情况下，又分为三种情况：

（1）同频同相位的两个同步时钟

如图 4 - 6 所示，这两个时钟可以看做是同一个时钟，也就是单时钟设计，允许有 1 个时钟的周期传输数据，因此只要满足普通的同步电路设计要求（满足建立时间和保持时间，控制信号的传输延时要在一定范围内）就可以了，不会出现亚稳态，也不会出现数据丢失的情况，一般不需要同步器。

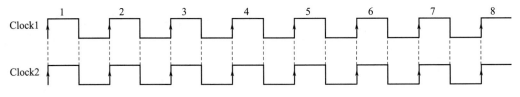

图 4 - 6　同频同相位的两个同步时钟

（2）同频不同相位的两个同步时钟

如图 4 - 7 所示，这个固定的相位可以看成是时钟的偏移，允许的传输时间小于一个时钟周期，但是要求控制信号的输出是在 Clock1 的控制下进行翻转的，因此，只要满足同步设计的一般要求（满足建立时间和保持时间，控制信号的传输延时要在一定范围内），就可以满足时序，不会出现亚稳态，也不会出现数据丢失的情况，一般不需要同步器。

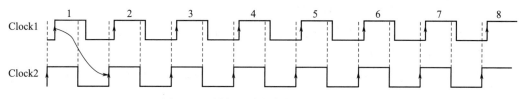

图 4 - 7　同频不同相位的两个同步时钟

（3）不同频，但是存在整数倍的关系

时钟波形如图 4 - 8 所示，我们一般将这种情况当做异步时钟进行处理。跨异步时钟域的信号传输一般通过以下方法进行处理：

1）采用触发器链抑制亚稳态的传输；

2）从快时钟到慢时钟，采样短脉冲的控制信号延长；

3）握手/反馈机制；

4）窄脉冲捕捉电路。

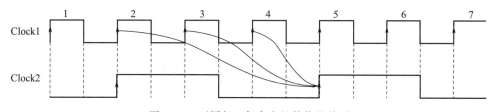

图 4 - 8　不同频，但存在整数倍的关系

在跨时钟域的情况下，一般要注意以下几点：

1）在跨时钟域的时候，不一定需要跨时钟域电路（同步器或者握手信号），接近异步时钟或者就是异步时钟的时候跨时钟域就得加上了。

2）在慢时钟到快时钟的时钟域中，加上触发器链基本上就可以了，主要是抑制亚稳态的传播。

3）在快时钟到慢时钟的时钟域中，不仅需要触发器链进行抑制亚稳态的传播，还要防止慢时钟域采不到快时钟域的数据，因此添加握手/反馈电路。

4）脉冲控制信号捕捉电路，这个电路不需要添加反馈信号，也就是说只要控制信号的频率不是过快，只要有窄脉冲（不是毛刺）就可以捕捉到，而不需要反馈信号控制脉冲宽度。

4.1.3.3　跨时钟域检查

跨时钟域检查是可编程逻辑器件安全性测试验证中的重要内容，利用跨时钟域检查工具，检查测试设计中跨时钟域信号处理的有效性。检查内容主要包括：

1）检查异步信号进入时钟域是否进行两级同步采样。异步信号进入时钟域，应进行两级同步采样。

2）检查一个模块中时钟使用数。在一个模块中只允许使用一个时钟。

3）检查跨时钟域信号组是否使用同步器模块进行同步。为每一组从一个时钟域传送到另一个时钟域的信号建立一个同步器模块。

4）检查从一个相对快速的时钟域传送一个控制信号到一个慢速的时钟域时，控制信号的宽度是否大于慢时钟的周期。

以 Mentor 公司的跨时钟域检查工具 Questa CDC 为例，对如何开展跨时钟域检查进行说明。

Questa CDC 的使用流程主要包括：启动 Questa CDC、编译库文件、加载源代码文件、执行 verify 过程。

在安装完成 Questa CDC 后，输入运行指令 qcdc，启动 Questa CDC，如图 4 - 9 所示。

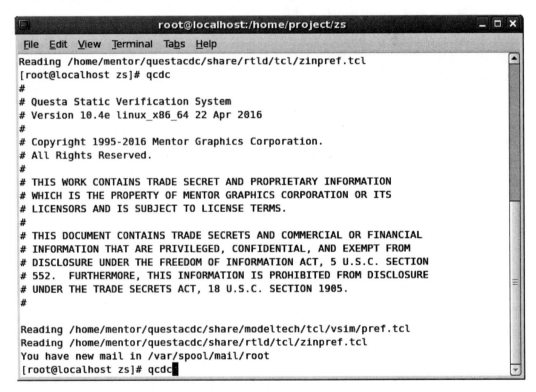

图 4 - 9　启动 Questa CDC

在启动 Questa CDC 后，会出现如图 4 - 10 所示的界面，此时无任何工程文件和库文件。

首先需要确认的是，该工程中具体使用了哪种器件库，并将该器件库编译进 Questa CDC 中，否则运行 Questa CDC 会出现很多器件查找不到的现象，新建编译库的方式如图 4 - 11 所示。Questa CDC 需要人工对应元器件库，在 FPGA 开发工具安装目录下找到对应的元器件库路径，并将该路径指定到 Questa CDC 中，如图 4 - 12 所示。

完成库编译后，可以进行测试工程的搭建，如图 4 - 13 所示。

在新建工程的对话框中，需要确认项目的名称、项目的路径。

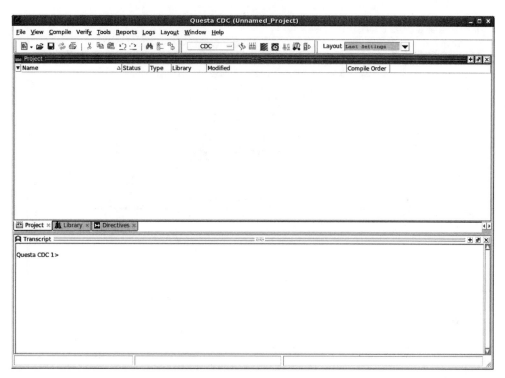

图 4 - 10　启动 Questa CDC 后的界面

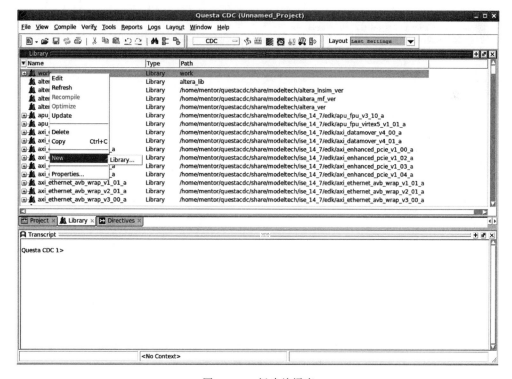

图 4 - 11　新建编译库

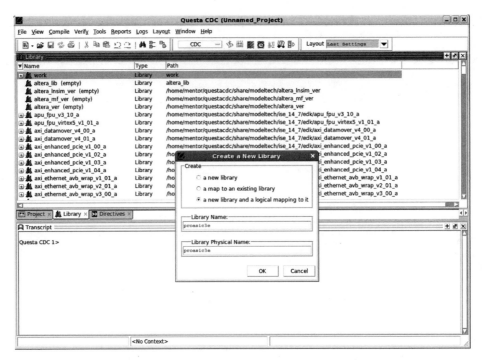

图 4 - 12　添加元器件库

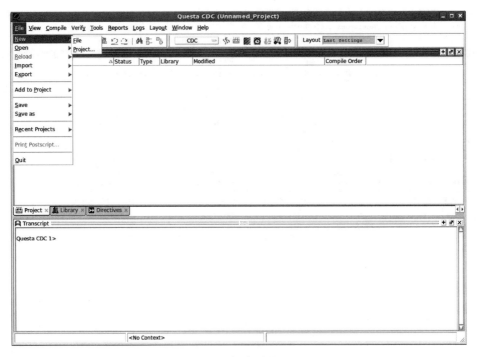

图 4 - 13　新建测试工程

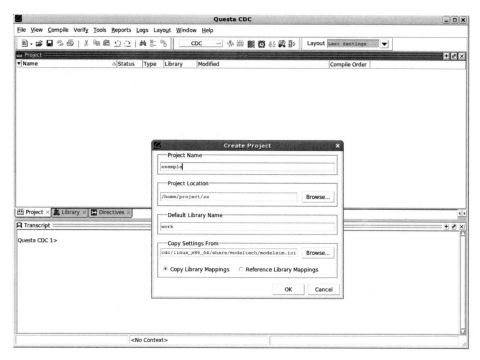

图 4-13　新建测试工程（续）

　　加入被测的源代码文件，可选择新建测试文件，也可以加入准备好的测试文件，或者加入文件列表，如图 4-14 所示。

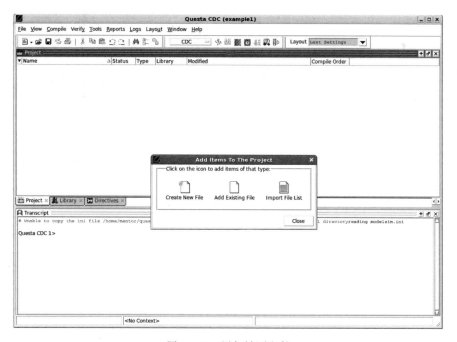

图 4-14　添加被测文件

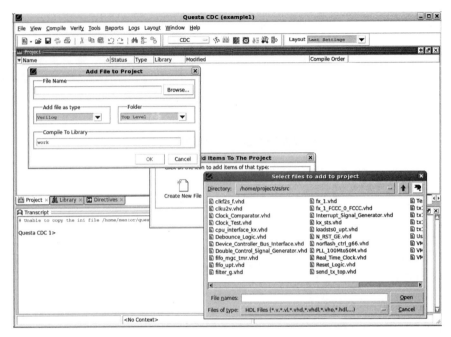

图 4 - 14　添加被测文件（续）

　　加入文件后，选择 compile all，将所有源代码文件编译。

　　这里需要特别注意的是，Questa CDC 在编译测试代码时，可能存在编译次序的问题，在编译过程中可以选择优先编译声明文件，再进行自底向上的编译。

　　在 compile 选项中选择 Compile Option，指定设计的顶层名称，如图 4 - 15 所示。

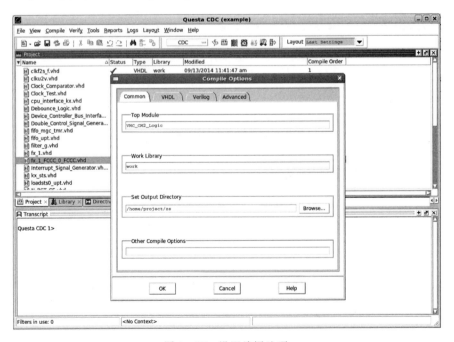

图 4 - 15　设置编译选项

在 Verify 选项中选择 Analyze Clocks 或直接选择 Run，Questa CDC 会自动分析代码中的时钟树关系，并将违反时钟域设计规则的情况报告出来，最后根据报告进行跨时钟域分析，确认是否真实存在跨时钟域未处理问题，若存在，提交问题报告。如图 4 - 16 所示。

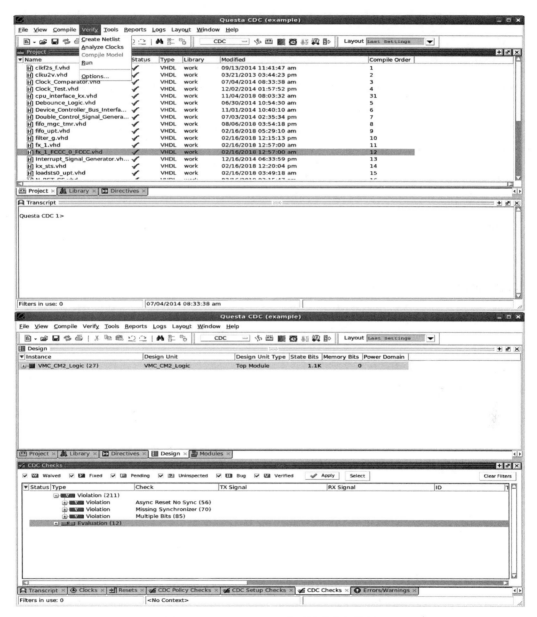

图 4 - 16　Questa CDC 跨时钟域分析结果

4.2 功能仿真

4.2.1 功能仿真的目的

功能仿真也叫前仿真，其目的是确定一个设计是否实现了预定的功能，是证明设计功能正确性的过程。

功能仿真是 RTL 行为仿真，主要分析电路的逻辑关系的正确性，仿真速度快，可以根据需要观察电路输入输出端口和电路内部任一信号和寄存器的波形。

在航天型号可编程逻辑器件软件测试过程中，不管是二方、三方或者定型/鉴定测试，功能仿真是最重要的验证手段。由于可编程逻辑器件软件自身的特殊性，在实际产品测试中，存在以下几方面的问题。

1）若不改变软件结构，很多信号和内部寄存器很难测试到；

2）在数据量很大时，若没有接收、解析软件，也很难全面验证数据发送、接收的正确性；

3）异常、边界情况在实物上很难测试。

功能仿真则能很好地解决上述问题，通过编写测试脚本，很容易查看端口和内部寄存器数据；通过脚本也可以很容易实现数据的比对，异常情况和边界情况的测试。

GJB 9433—2018《军用可编程逻辑器件软件测试要求》中提出，功能测试、性能测试、接口测试、逻辑测试、安全性测试可以通过功能仿真方法进行测试。

4.2.2 功能仿真的输入

在进行功能仿真之前，需要清楚正确、顺利执行功能仿真所需要的条件。执行功能仿真需准备以下 4 个条件。

1）RTL 源代码；

2）仿真库文件；

3）仿真工具；

4）测试脚本。

在上述条件中，RTL 源代码在测试时已具备，无需准备；仿真库文件一般存放在开发环境的安装目录，不过需经过仿真工具的编译才能使用；仿真工具分为第三方仿真工具和开发环境自带仿真工具，不管哪一种都可以进行使用；测试脚本须根据配置项的实际需求进行编写，测试脚本要符合接口时序要求。

4.2.3 功能仿真的方法和过程

以下通过介绍仿真工具的使用来介绍功能仿真的过程。目前，仿真工具主要有 Questa Sim、ModelSim、VCS、IUS、Active - HDL、NCSim 等，其中 Questa Sim 和 ModelSim 应用最广泛，下面以 Questa Sim 仿真工具说明功能仿真过程。

　　图 4 - 17 为 Questa Sim 仿真工具界面，图中已添加了元器件库（unisim、UNISIMS _ VER、XILINXCORELIB _ VER 等）、源代码和测试脚本（work）。关于编译仿真库、添加源文件和脚本，网上有很多资料可以查询。下面开始启动仿真，具体分四步进行。

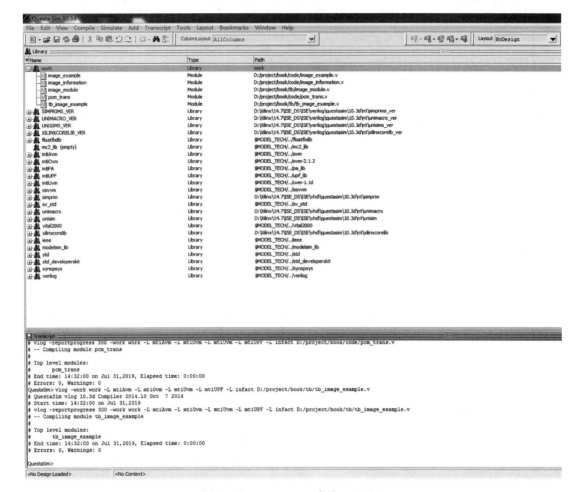

图 4 - 17　Questa Sim 仿真工具界面

　　1）编译源文件和测试脚本：若没有建工程，在添加文件时，已编译通过。若在仿真调试过程中，对源代码和测试脚本进行了更改，需重新进行编译。

　　2）启动仿真：在启动仿真时，需关掉优化，同时可以在 Libraries 页面添加仿真用到的元器件库，以防在启动仿真时提示找不到元器件错误，具体操作如图 4 - 18 所示。

　　3）添加信号：添加信号时，可以添加指定信号（Selected Signals）、模块下的所有信号（Selected in Region）和设计中的全部信号（Selected in Design），操作如图 4 - 19 所示。

　　4）开始仿真：执行 run 命令，通过仿真工具中的操作工具可以对波形进行展开、缩放等操作，通过波形确定程序功能、接口、性能等实现的正确性，图 4 - 20 为仿真波形。

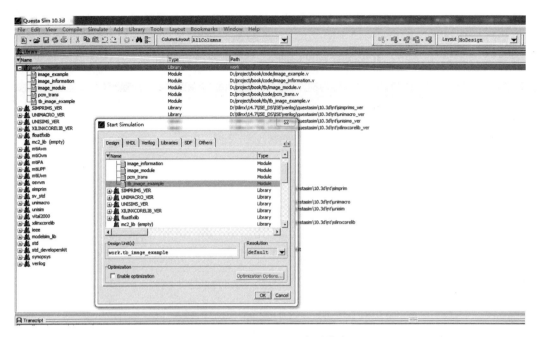

图 4 - 18　Questa Sim 启动仿真

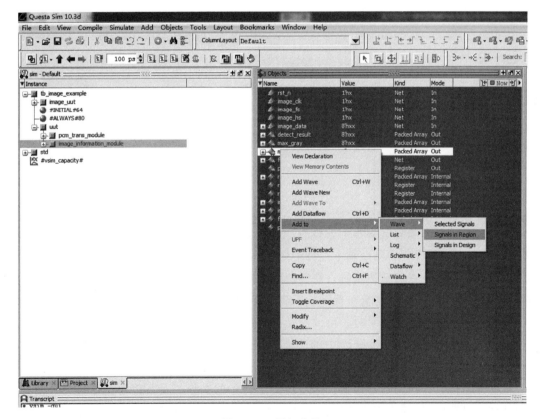

图 4 - 19　添加信号

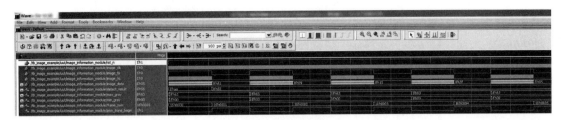

图 4 - 20　仿真波形

4.2.4　功能仿真覆盖率收集

在测试中，测试的全面性和充分性一般通过测试覆盖率来体现。根据 GJB 9433—2018《军用可编程逻辑器件软件测试要求》，在逻辑测试时，应收集语句、分支、条件、表达式、状态机和翻转覆盖率。目前大部分仿真工具均支持这几种覆盖率收集，下面通过 Questa Sim 工具进行覆盖率测试说明，主要注意以下两点。

1）在编译源代码之前，需选择收集哪种类型覆盖率。图 4 - 21 中选择了语句和分支覆盖率。

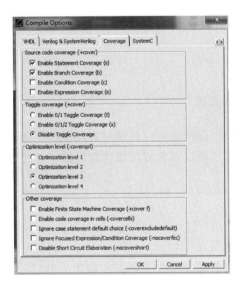

图 4 - 21　设置覆盖率收集选项

2）在启动仿真时，需选中 Enable code coverage，如图 4 - 22 所示。

在覆盖率收集测试中，语句、分支、条件、表达式、状态机、位翻转覆盖率均为 100%，对功能仿真未覆盖的，须进行分析未覆盖原因，并说明通过何种方式进行覆盖。

图 4 - 23 中显示的语句覆盖率为 98.2%，分支覆盖率为 97.7%。

在工程规模比较大、功能点很多的情况下，一个测试脚本很难达到覆盖率 100%，此时就需将多个测试用例收集的覆盖率信息进行合并。在 Questa Sim 中，可以将每个测试用例的覆盖率信息保存为 ucdb 文件，然后通过 vcover merge 命令将覆盖率信息合并。

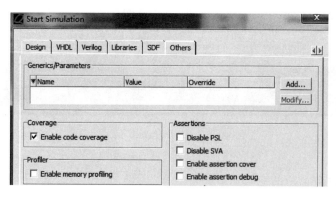

图 4 - 22　使能覆盖率统计

Instance	Stmt graph	Stmt %	Stmt count	Stmts hit	Stmts missed	Branch graph	Branch %	Branch count	Branches hit	Branches missed
tb_image_example		98.9%	93	92	1		98.2%	57	56	1
uut		98.2%	57	56	1		97.7%	43	42	3
image_information_module		97%	33	32	1		96.3%	27	26	1
pcm_trans_module		100%	24	24	0		100%	16	16	0
image_uut		100%	28	28	0		100%	14	14	0
#INITIAL#64										
#ALWAYS#80										

图 4 - 23　覆盖率收集结果

4.3　门级仿真

4.3.1　门级仿真的目的和前提

门级仿真是针对逻辑综合后网表文件开展仿真测试，用于验证综合后门级网表的正确性，发现在综合过程中产生的错误。完成门级仿真需以下 4 个前提条件。

1）综合后网表文件；

2）仿真库文件；

3）仿真工具；

4）测试脚本。

绝大多数的综合工具除了可以输出一个标准网表文件以外，还可以输出 Verilog 或者 VHDL 网表，其中标准网表文件是用来在各个工具之间传递设计数据的，并不能用来做仿真，而输出的 Verilog 或者 VHDL 网表可以用来仿真，之所以叫门级仿真是因为综合工具给出的仿真网表已经是与生产厂家的器件的底层元件模型对应起来了，因此为了进行综合后仿真必须在仿真过程中加入厂家的元器件库，对仿真器进行一些必要的配置，不然仿真器不能识别其中的底层元件，无法进行仿真。

在 ISE 中，可以通过开发环境生成门级仿真所需的网表文件，如图 4 - 24 所示，通过双击 Generate Post - Synthesis Simulation Model 生成网表文件。

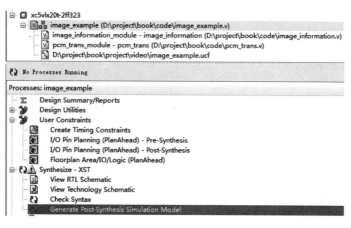

图 4 - 24　生成门级仿真网表文件

4.3.2　门级仿真的方法和过程

门级仿真的操作步骤和方法与功能仿真一致,区别在于以下两点:

1) 功能仿真的输入文件为源代码,门级仿真的输入文件为综合后网表文件;

2) 功能仿真可以很容易查看内部寄存器的值,门级仿真不容易查看内部寄存器的值。

4.4　时序仿真

4.4.1　时序仿真的目的和前提

时序仿真是针对布局布线后网表文件和标准延时文件开展的仿真测试,用于验证布局布线后网表的正确性,同时验证时序的正确性,发现在布局布线过程中产生的错误或时序错误。完成时序仿真需以下 5 个前提条件。

1) 布局布线后网表文件;

2) 标准延时文件;

3) 仿真库文件;

4) 仿真工具;

5) 测试脚本。

完成布局布线后,开发工具可以提供时序仿真所需的网表文件和标准延时文件。在 ISE 中,可生成布局布线后网表文件和标准延时文件,如图 4 - 25 所示,通过双击 Generate Post - Place & Route Simulation Model 来生成网表文件和标准延时文件。

4.4.2　时序仿真的方法和过程

时序仿真的方法和过程与门级仿真一致,只是在启动仿真的时候,须将标准延时文件加入,在 Questa Sim 中,标准延时文件的加入方法如图 4 - 26 所示。

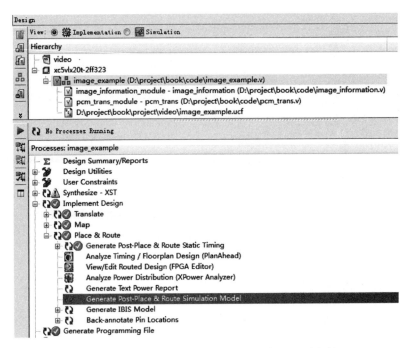

图 4 - 25　生成布局布线后网表文件和标准延时文件

图 4 - 26　标准延时文件的加入方法

　　完整的时序仿真包含最大、典型和最小三种工况下的时序仿真，某个功能只有三种工况下时序仿真均通过，才能认为其得到了正确实现。

　　时序仿真波形与功能仿真、门级仿真波形不一样的地方在于仿真中携带着延时信息，即在时序仿真中，时钟沿和数据变化沿不对齐，如图 4 - 27 所示，而在功能仿真和门级仿真中，时钟沿和数据变化沿对齐。

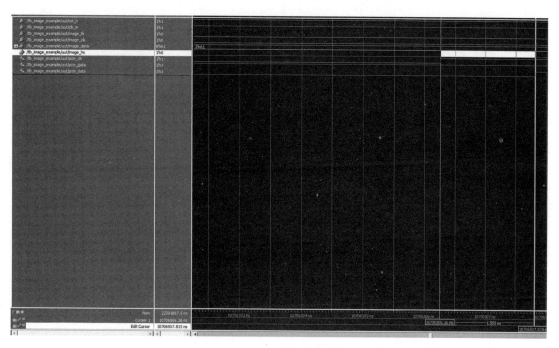

图 4 - 27　时序仿真波形

4.5　静态时序分析

4.5.1　静态时序分析概述

目前，可编程逻辑器件软件时序主要通过时序仿真和静态时序分析进行验证。通过时序仿真的方法验证软件时序依赖于测试脚本，测试脚本的不充分性会导致有些时序违例被忽略。同时在时序仿真方式下，软件内部信号难以查找，故针对时序违例的原因分析也比较困难。因此时序仿真方法验证时序效率非常低，极大地延长了产品的开发周期。而静态时序分析不需要激励向量，可以报出芯片中所有的时序违例，且速度非常快，所以静态时序分析已成为验证可编程逻辑器件软件时序的主要手段。

通过静态时序分析，可以完成以下工作：

1）检查设计中的关键路径分布；

2）检查设计中是否存在 setup 违例；

3）检查设计中是否存在 hold 违例；

4）检查时钟树的偏移和延时等情况；

5）静态时序分析工具还可以与信号完整性工具结合在一起分析串扰问题。

本部分针对可编程逻辑器件开发环境中自带的静态时序分析工具进行时序分析方法介绍，在进行时序分析前，先介绍一些时序概念。

4.5.1.1　启动沿及锁存沿

启动沿（lunch edge）指时序分析中源寄存器的时钟沿；锁存沿（latch edge）指时序分析中目的寄存器的时钟沿。图 4-28 中，分别说明了启动沿和锁存沿，启动沿和锁存沿可以是相同时钟源，也可以是不同时钟源，时钟源之间的关系可以确认寄存器到寄存器之间数据传输是否正常。

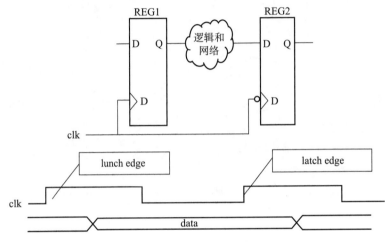

图 4-28　启动沿和锁存沿

4.5.1.2　数据达到时间

数据达到时间（Data Arrival Time）指数据达到目的触发器数据输入端时间，主要包含时钟到达寄存器时间（Tclk1），寄存器输出延时（Tco）和传输数据延时（Tdata）。如图 4-29 所示，图中显示的数据到达时间为：Data Arrival Time＝lunch edge＋Tclk1＋Tco＋Tdata。

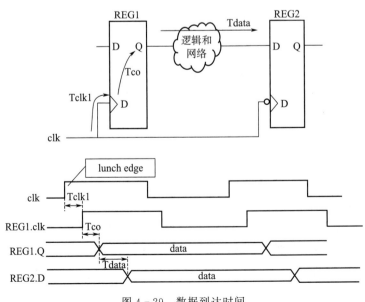

图 4-29　数据到达时间

4.5.1.3　时钟达到时间

时钟达到时间（Clock Arrival Time）指时钟到达目的触发器时钟输入端时间。如图 4-30 所示，图中显示的时钟到达时间为：Clock Arrival Time＝latch edge＋Tclk2。

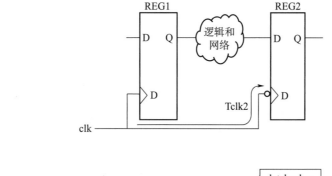

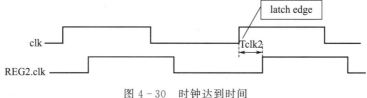

图 4-30　时钟达到时间

如果源寄存器和目的寄存器在同一时钟域上，那么锁存沿相对于启动沿延后一个时钟周期；如果在不同的时钟域上，那么将采用启动沿与锁存沿实际的时间差。

4.5.1.4　数据需要时间

数据需要时间（Data Required Time）指在时钟锁存的建立时间和保持时间之间数据必须稳定，从源时钟起点达到这样的稳定状态需要的时间。数据需要时间再分为分析建立时间的数据需要时间和分析保持时间的数据需要时间。

图 4-31 为分析建立时间的数据需要时间描述，其数据需要时间为（不考虑建立时间不确定度）：Data Required Time（setup）＝Clock Arrival Time－Tsu。

图 4-32 为分析保持时间的数据需要时间描述，其数据需要时间为（不考虑保持时间不确定度）：Data Required Time（hold）＝Clock Arrival Time＋Th。

4.1.5.5　建立时间余量

正的 slack 表示数据需求时间大于数据到达时间，满足时序。负的 slack 表示数据需求时间小于数据到达时间，不满足时序。图 4-33 中描述了建立时间余量，建立时间余量为：setup slack＝Data Required Time（setup）－Data Arrival Time。

4.1.5.6　保持时间余量

保持时间余量（hold slack）指在目的触发器端时钟有效沿之后数据稳定时间与触发器保持时间之间的差值。正的 slack 表示数据需求时间小于数据到达时间，满足时序。负的 slack 表示数据需求时间大于数据到达时间，不满足时序。图 4-34 中描述了保持时间余量，保持时间余量为：hold slack＝Data Arrival Time－Data Required Time（hold）。

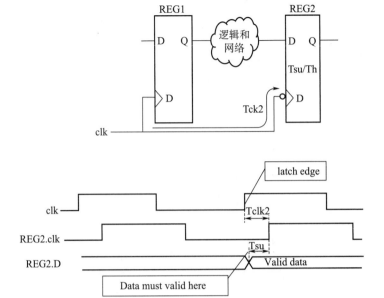

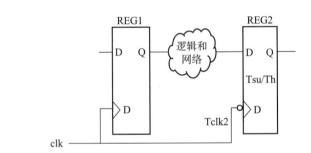

图 4 - 31　数据需要时间（setup）

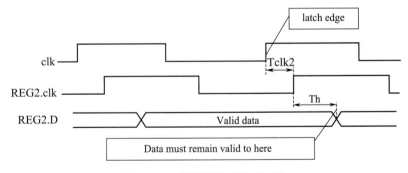

图 4 - 32　数据需要时间（hold）

4.1.5.7　时钟最小周期

时钟最小周期指可编程逻辑器件软件正常工作前提下，工作时钟的最小周期，也叫工作时钟的最高时钟频率。

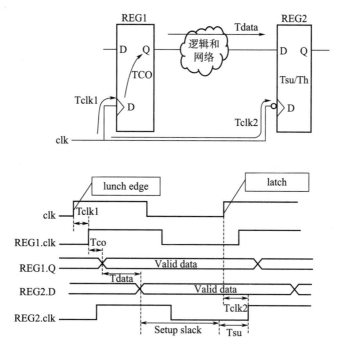

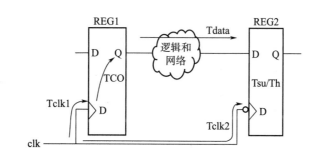

图 4 - 33　建立时间余量

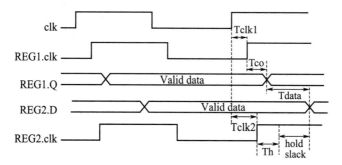

图 4 - 34　保持时间余量

可编程逻辑器件软件正常工作的前提是建立时间余量和保持时间余量均不小于 0 ns，经分析当建立时间余量为 0 时，为可编程逻辑器件软件正常运行的时钟最小周期，时钟最小周期推导如下：

setup slack＝Data Required Time（setup）－Data Arrival Time＝0

latch edge＋Tclk2－Tsu－（lunch edge＋Tclk1＋Tco＋Tdata）＝0

时钟最小周期＝latch edge－lunch edge＝Tco＋Tdata＋Tsu－（Tclk2－Tclk1）

4.5.2　静态时序分析方法

本书 3.1.2.10 中介绍了可编程逻辑器件软件时序约束方法，包括时钟约束、IO 约束和例外约束，本部分针对时序约束进行静态时序分析，分析在综合、布局布线后是否满足约束要求，对不满足约束要求的进行分析，确定时序瓶颈，指示设计人员对程序进行优化。

4.5.2.1　静态时序分析的前提与范围

在进行静态时序分析前，需做好以下几方面的准备。

1）准备对应器件的元器件库；

2）准备网表文件和不同工况的延时文件；

3）静态时序分析工具

静态时序分析范围如图 4－35 所示。包括时钟约束时序分析、IO 约束时序分析和例外约束时序分析，即静态时序分析需覆盖可编程逻辑器件中所有时序路径。

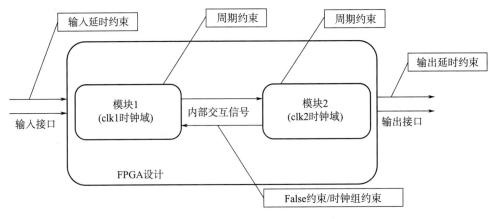

图 4－35　静态时序分析范围

4.5.2.2　时钟约束时序分析

针对时钟约束的时序分析中，主要分析每个时钟域的建立、保持时间是否满足要求（即 setup slack 和 hold slack 均大于 0）。

例如，在某设计中，工作主时钟 m50_clk 的频率为 50 MHz，周期约束为：create_clock－period 20.000－name TS_clk50m－waveform {0.000 10.000} [get_ports m50_clk]。在执行完综合、布局布线后，执行 report_timing_summary 命令，则工具会给出工作时钟 m50_clk 的分析结果，如图 4－36 所示。

图 4－36 中，m50_clk 时钟域所有触发器的建立时间余量（14.177 ns）和保持时间余量（0.082 ns）均满足要求，即 m50_clk 时钟域时序收敛。

Clock: TS_clk50m

Statistics

Type	Worst Slack	Total Violation	Failing Endpoints	Total Endpoints
Setup	14.177 ns	0.000 ns	0	1998
Hold	0.082 ns	0.000 ns	0	1998
Pulse Width	9.500 ns	0.000 ns	0	1361

图 4 - 36　时钟 m50_clk 分析结果（50 MHz）

时序分析报告中，工具会给出几条（报告时序路径的条数可以设置）时序余量最小路径（按从小到大排列）。在上面的例子中，建立时间余量最小的路径如图 4 - 37 所示，其中数据到达时间如图 4 - 38 所示，数据需要时间如图 4 - 39 所示。根据建立时间余量公式为 setup slack＝数据需要时间－数据到达时间＝24.044－9.867＝14.177 ns。

Name	Path 1
Slack	14.177ns
Source	U_pid/pwm_gen_proc/jifen_r_reg[3]/C　(rising edge-triggered cell FDCE clocked by TS_clk50m {rise@0.000ns fall@10.000ns period=20.000ns})
Destination	U_pid/pwm_gen_proc/jifen_rr_reg[26]/D　(rising edge-triggered cell FDCE clocked by TS_clk50m {rise@0.000ns fall@10.000ns period=20.000ns})
Path Group	TS_clk50m
Path Type	Setup (Max at Slow Process Corner)
Requirement	20.000ns (TS_clk50m rise@20.000ns - TS_clk50m rise@0.000ns)
Data Path Delay	5.718ns (logic 2.879ns (50.353%)　route 2.839ns (49.647%))
Logic Levels	14　(CARRY4=11 LUT2=1 LUT3=1 LUT5=1)
Clock Path Skew	-0.102ns
Clock Uncertainty	0.035ns

图 4 - 37　建立时间余量最小的路径

CARRY4 (Prop carry4 CI CO[3])	(r) 0.098	8.690 Site: SLICE_X11Y87		U_pid/pwm_gen_proc/jifen_rr_reg[12]_i_2/CO[3]
net (fo=1, routed)	0.000	8.690		U_pid/pwm_gen_proc/jifen_rr_reg[12]_i_2_n_0
		Site: SLICE_X11Y88		U_pid/pwm_gen_proc/jifen_rr_reg[16]_i_2/CI
CARRY4 (Prop carry4 CI CO[3])	(r) 0.098	8.788 Site: SLICE_X11Y88		U_pid/pwm_gen_proc/jifen_rr_reg[16]_i_2/CO[3]
net (fo=1, routed)	0.000	8.788		U_pid/pwm_gen_proc/jifen_rr_reg[16]_i_2_n_0
		Site: SLICE_X11Y89		U_pid/pwm_gen_proc/jifen_rr_reg[20]_i_2/CI
CARRY4 (Prop carry4 CI CO[3])	(r) 0.098	8.886 Site: SLICE_X11Y89		U_pid/pwm_gen_proc/jifen_rr_reg[20]_i_2/CO[3]
net (fo=1, routed)	0.000	8.886		U_pid/pwm_gen_proc/jifen_rr_reg[20]_i_2_n_0
		Site: SLICE_X11Y90		U_pid/pwm_gen_proc/jifen_rr_reg[24]_i_2/CI
CARRY4 (Prop carry4 CI CO[3])	(r) 0.098	8.984 Site: SLICE_X11Y90		U_pid/pwm_gen_proc/jifen_rr_reg[24]_i_2/CO[3]
net (fo=1, routed)	0.000	8.984		U_pid/pwm_gen_proc/jifen_rr_reg[24]_i_2_n_0
		Site: SLICE_X11Y91		U_pid/pwm_gen_proc/jifen_rr_reg[31]_i_2/CI
CARRY4 (Prop carry4 CI O[1])	(r) 0.265	9.249 Site: SLICE_X11Y91		U_pid/pwm_gen_proc/jifen_rr_reg[31]_i_2/O[1]
net (fo=1, routed)	0.369	9.617		U_pid/pwm_gen_proc/jifen_rr1[26]
		Site: SLICE_X11Y92		U_pid/pwm_gen_proc/jifen_rr[26]_i_1/I0
LUT5 (Prop lut5 I0 O)	(r) 0.250	9.867 Site: SLICE_X11Y92		U_pid/pwm_gen_proc/jifen_rr[26]_i_1/O
net (fo=1, routed)	0.000	9.867		U_pid/pwm_gen_proc/jifen_rr[26]_i_1_n_0
FDCE		Site: SLICE_X11Y92		U_pid/pwm_gen_proc/jifen_rr_reg[26]/D
Arrival Time		9.867		

图 4 - 38　数据到达时间（setup）

保持时间余量最小的路径如图 4 - 40 所示，其中数据到达时间如图 4 - 41 所示，数据需要时间如图 4 - 42 所示。根据保持时间余量公式为 hold slack＝数据到达时间－数据需要时间＝1.861－1.779＝0.082 ns。

在上述例子中，如果工作主时钟 m50_clk 的频率为 250MHz，周期约束为：create_clock - period 4.000 - name TS_clk50m - waveform {0.000 2.000} [get_ports m50_clk]。在执行完综合、布局布线后，执行 report_timing_summary 命令，则工具会给出工作时钟 m50_clk 的分析结果，如图 4 - 43 所示。

Delay Type	Incr (ns)	Path (ns)	Location	Netlist Resource(s)
(clock TS_clk50m rise edge)	(r) 20.000	20.000		
	(r) 0.000	20.000	Site: T14	m50_clk
net (fo=0)	0.000	20.000		m50_clk
IBUF			Site: T14	m50_clk_IBUF_inst/I
IBUF (Prop ibuf I O)	(r) 0.783	20.783	Site: T14	m50_clk_IBUF_inst/O
net (fo=1, routed)	1.620	22.403		m50_clk_IBUF
BUFG			Site: BUFGCTRL_X0Y0	m50_clk_IBUF_BUFG_inst/I
BUFG (Prop bufg I O)	(r) 0.077	22.480	Site: BUFGCTRL_X0Y0	m50_clk_IBUF_BUFG_inst/O
net (fo=1360, routed)	1.278	23.758		U_pid/pwm_gen_proc/m50_clk_IBUF_BUFG
FDCE			Site: SLICE_X11Y92	U_pid/pwm_gen_proc/jifen_rr_reg[26]/C
clock pessimism	0.290	24.047		
clock uncertainty	-0.035	24.012		
FDCE (Setup fdce C D)	0.032	24.044	Site: SLICE_X11Y92	U_pid/pwm_gen_proc/jifen_rr_reg[26]
Required Time		24.044		

图 4-39 数据需要时间（setup）

Name	Path 11
Slack (Hold)	0.082ns
Source	U7_counter/U1_sync/s_out_reg/C (rising edge-triggered cell FDCE clocked by TS_clk50m {rise@0.000ns fall@10.000ns period=20.000ns})
Destination	U7_counter/U1_filter/shift_reg_reg[0]/D (rising edge-triggered cell FDPE clocked by TS_clk50m {rise@0.000ns fall@10.000ns period=20.000ns})
Path Group	TS_clk50m
Path Type	Hold (Min at Fast Process Corner)
Requirement	0.000ns (TS_clk50m rise@0.000ns - TS_clk50m rise@0.000ns)
Data Path Delay	0.413ns (logic 0.141ns (34.142%) route 0.272ns (65.858%))
Logic Levels	0
Clock Path Skew	0.271ns

图 4-40 保持时间余量最小的路径

Delay Type	Incr (ns)	Path (ns)	Location	Netlist Resource(s)
FDCE (Prop fdce C Q)	(r) 0.141	1.589	Site: SLICE_X9Y91	U7_counter/U1_sync/s_out_reg/Q
net (fo=1, routed)	0.272	1.861		U7_counter/U1_filter/s_out_reg[0]
FDPE			Site: SLICE_X12Y100	U7_counter/U1_filter/shift_reg_reg[0]/D
Arrival Time		1.861		

图 4-41 数据到达时间（hold）

Delay Type	Incr (ns)	Path (ns)	Location	Netlist Resource(s)
(clock TS_clk50m rise edge)	(r) 0.000	0.000		
	(r) 0.000	0.000	Site: T14	m50_clk
net (fo=0)	0.000	0.000		m50_clk
IBUF			Site: T14	m50_clk_IBUF_inst/I
IBUF (Prop ibuf I O)	(r) 0.400	0.400	Site: T14	m50_clk_IBUF_inst/O
net (fo=1, routed)	0.695	1.094		m50_clk_IBUF
BUFG			Site: BUFGCTRL_X0Y0	m50_clk_IBUF_BUFG_inst/I
BUFG (Prop bufg I O)	(r) 0.029	1.123	Site: BUFGCTRL_X0Y0	m50_clk_IBUF_BUFG_inst/O
net (fo=1360, routed)	0.843	1.966		U7_counter/U1_filter/m50_clk_IBUF_BUFG
FDPE			Site: SLICE_X12Y100	U7_counter/U1_filter/shift_reg_reg[0]/C
clock pessimism	-0.247	1.719		
FDPE (Hold fdpe C D)	0.060	1.779	Site: SLICE_X12Y100	U7_counter/U1_filter/shift_reg_reg[0]
Required Time		1.779		

图 4-42 数据需要时间（hold）

从图 4-43 中可以看出，建立时间余量（-0.706 ns）不满足要求，即 m50_clk 时钟域时序未收敛，在这种情况下，须对违例路径进行分析，优化程序，使其时序收敛。

Clock: TS_clk50m

Statistics

Type	Worst Slack	Total Violation	Failing Endpoints	Total Endpoints
Setup	-0.706 ns	-13.469 ns	56	1998
Hold	0.119 ns	0.000 ns	0	1998
Pulse Width	1.500 ns	0.000 ns	0	1361

图 4-43　时钟 m50_clk 分析结果（250MHz）

在上述例子中，还存在一时钟域 cpu_clk，其时钟频率为 8MHz，周期约束为：create_clock - period 125.000 - name TS_cpuclk - waveform {0.000 62.500} [get_ports cpu_clk]。布局布线后查看时序分析结果，如图 4-44 所示，图中 m50_clk 时钟域信号传输到 cpu_clk 时钟域时存在建立时间不满足情况，通过分析发现为跨时钟域信号，且已进行了同步化处理，在综合、布局布线时可以不考虑本条路径。

From Clock: TS_clk50m
To Clock: TS_cpuclk

Statistics

Type	Worst Slack	Total Violation	Failing Endpoints	Total Endpoints
Setup	-0.054 ns	-0.054 ns	1	1
Hold	0.279 ns	0.000 ns	0	1

图 4-44　cpu_clk 和 m50_clk 交互时序分析结果

通过上面的分析，可以采用以下几种方法来设置不考虑此条路径。

（1）设置 false 路径

在约束文件中添加 false 路径约束，约束如下：

set_false_path - from[get_clocks TS_clk50m] - to[get_clocks TS_cpuclk]

经综合、布局布线后，查看时序分析结果，从 m50_clk 时钟域到 cpu_clk 时钟域的时序分析路径已不存在。

（2）设置时钟组

在约束文件中添加时钟组约束，约束如下：

set_clock_groups - name ts_grp - asynchronous - group[get_clocks TS_clk50m] - group[get_clocks TS_cpuclk]

经综合、布局布线后，查看时序分析结果，从 m50_clk 时钟域到 cpu_clk 时钟域的时序分析路径已不存在。

4.2.2.3　IO 接口时序分析

在进行 IO 接口时序分析时，须进行输入接口时序分析和输出接口时序分析，而进行 IO 接口时序分析的前提是在设计约束文件中已对接口时序进行了约束。

（1）输入接口时序分析

输入接口时序分析的前提是设计时进行了输入接口时序约束，并完成了综合、布局布线。对输入接口来说，接口时序分析的目的是分析外部输入信号或数据能否被可编程逻辑器件内部触发器正确采样。因此输入接口时序分析分为建立时间接口时序分析和保持时间接口时序分析，建立时间输入接口时序分析如图 4 - 45 所示，保持时间输入接口时序分析如图 4 - 46 所示。

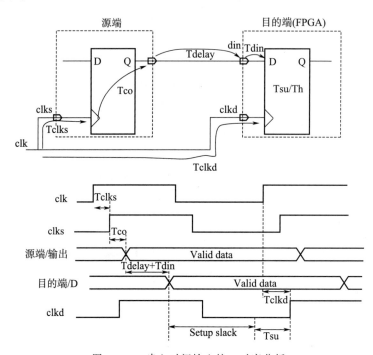

图 4 - 45　建立时间输入接口时序分析

通过图 4 - 45 可以推导出建立时间接口分析的时序余量如下：

Setup slack ＝ 时钟周期＋Tclkd－（Tclks＋Tco＋Tdelay＋Tdin＋Tsu）

　　　　　　＝ 时钟周期－（Tco＋Tdelay＋Tclks－Tclkd）－Tdin－Tsu

　　　　　　＝ 时钟周期－输入延时－Tdin－Tsu

通过图 4 - 46 可以推导出保持时间接口分析的时序余量如下：

Hold slack ＝（Tclks＋Tco＋Tdelay＋Tdin）－Tclkd－Th

　　　　　　＝（Tclks＋Tco＋Tdelay－Tclkd）＋Tdin－Th

　　　　　　＝ 输入延时＋Tdin－Th

（2）输出接口时序分析

输出接口时序分析的前提是设计时进行了输出接口时序约束，并完成了综合、布局布线。对输出接口来说，接口时序分析的目的是分析可编程逻辑器件输出的数据或信号能否被下游器件触发器正确采样。因此输出接口时序分析同样分为建立时间接口时序分析和保持时间接口时序分析，建立时间输出接口时序分析如图 4 - 47 所示，保持时间输出接口时序分析如图 4 - 48 所示。

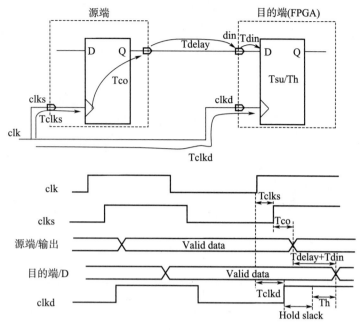

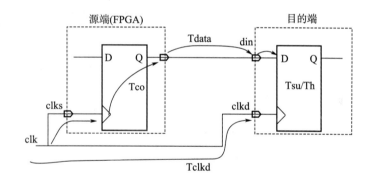

图 4 - 46　保持时间输入接口时序分析

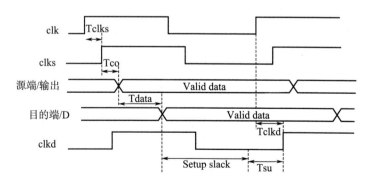

图 4 - 47　建立时间输出接口时序分析

通过图 4-47 可以推导出建立时间输出接口分析的时序余量如下：

Setup slack ＝时钟周期＋Tclkd－（Tclks＋Tco＋Tdata＋Tsu）

　　　　　　＝时钟周期－（Tco＋Tdata＋Tclks－Tclkd）－Tsu

　　　　　　＝时钟周期－输出延时－Tsu

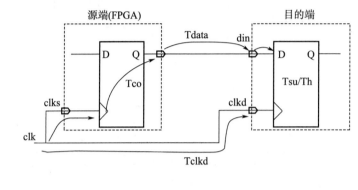

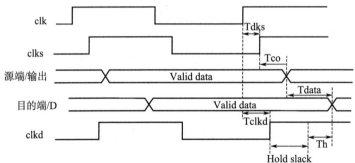

图 4-48　保持时间输出接口时序分析

通过图 4-48 可以推导出保持时间输出接口分析的时序余量如下：

Hold slack ＝（Tclks＋Tco＋Tdata）－Tclkd－Th

　　　　　　＝Tco＋（Tclks－Tclkd＋Tdata－Th）

　　　　　　＝Tco＋输出延时

（3）接口时序分析实例

本节通过实例对输入接口的建立、保持时间进行时序分析。

在图 4-49 中，输入接口信号为 Jm_data 和 Jm_clk，输出接口信号为 djmdata 和 djmclk，属于源同步系统。设置最大输入延时为 0.45 ns，最小输入延时为 0.1 ns，最大输出延时为 1 ns，最小输出延时为 0.3 ns。通过 Prime Time 分别在最大工况和最小工况下对输入、输出接口进行时序分析。

在最大工况下输入接口的时序分析结果如图 4-50 所示。通过分析可以看出，输入接口建立时间余量为 122.16 ns，保持时间余量为－1.62 ns，不满足保持时间余量大于 0 ns 要求，须进行时序优化，以满足要求。

在最小工况下输入接口的时序分析结果如图 4-51 所示。通过分析可以看出，输入接

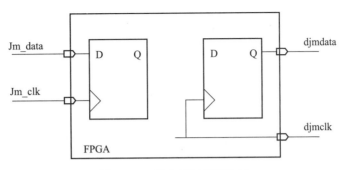

图 4 - 49　输入接口时序分析

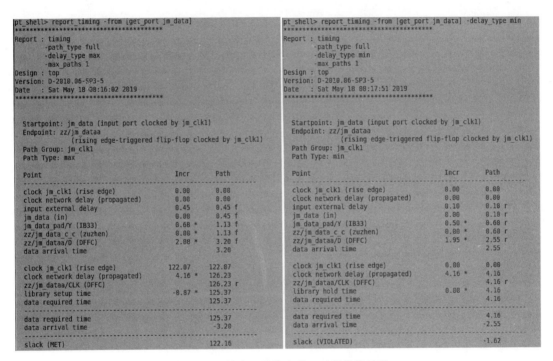

图 4 - 50　最大工况输入接口时序分析结果

口建立时间余量为 121.89 ns，保持时间余量为 −0.76 ns，不满足保持时间余量大于 0 ns 要求，须进行时序优化，以满足要求。

　　在最大工况下输出接口的时序分析结果如图 4 - 52 所示。通过分析可以看出，输出接口建立时间余量为 111.55 ns，保持时间余量为 9.17 ns，满足接口时序要求。

　　在最小工况下输出接口的时序分析结果如图 4 - 53 所示。通过分析可以看出，输出接口建立时间余量为 116.27 ns，保持时间余量为 4.76 ns，满足接口时序要求。

4.2.2.4　组合逻辑路径延时分析

　　在某设计中，存在三个输入信号 din1、din2、en 和一个输出信号 dout，程序设计为：当 en 为 1 时，dout 值为 din1＋din2；当 en 为 0 时，dout 值为 din1。程序设计如下：

```
pt_shell> report_timing -from [get_port jm_data]
***************************************
Report : timing
        -path_type full
        -delay_type max
        -max_paths 1
Design : top
Version: D-2010.06-SP3-5
Date   : Sat May 18 08:21:37 2019
***************************************


  Startpoint: jm_data (input port clocked by jm_clk1)
  Endpoint: zz/jm_dataa
          (rising edge-triggered flip-flop clocked by jm_clk1)
  Path Group: jm_clk1
  Path Type: max

  Point                                    Incr      Path
  --------------------------------------------------------
  clock jm_clk1 (rise edge)                0.00      0.00
  clock network delay (propagated)         0.00      0.00
  input external delay                     0.45      0.45 f
  jm_data (in)                             0.00      0.45 f
  jm_data_pad/Y (IB33)                     0.34 *    0.79 f
  zz/jm_data_c_c (zuzhen)                  0.00 *    0.79 f
  zz/jm_dataa/D (DFFC)                     1.04 *    1.83 f
  data arrival time                                  1.83

  clock jm_clk1 (rise edge)              122.07    122.07
  clock network delay (propagated)         2.09 *  124.16
  zz/jm_dataa/CLK (DFFC)                           124.16 r
  library setup time                      -0.44 *  123.72
  data required time                               123.72
  --------------------------------------------------------
  data required time                               123.72
  data arrival time                                 -1.83
  --------------------------------------------------------
  slack (MET)                                      121.89
```

```
pt_shell> report_timing -from [get_port jm_data] -delay_type min
***************************************
Report : timing
        -path_type full
        -delay_type min
        -max_paths 1
Design : top
Version: D-2010.06-SP3-5
Date   : Sat May 18 08:22:48 2019
***************************************


  Startpoint: jm_data (input port clocked by jm_clk1)
  Endpoint: zz/jm_dataa
          (rising edge-triggered flip-flop clocked by jm_clk1)
  Path Group: jm_clk1
  Path Type: min

  Point                                    Incr      Path
  --------------------------------------------------------
  clock jm_clk1 (rise edge)                0.00      0.00
  clock network delay (propagated)         0.00      0.00
  input external delay                     0.10      0.10 r
  jm_data (in)                             0.00      0.10 r
  jm_data_pad/Y (IB33)                     0.25 *    0.35 r
  zz/jm_data_c_c (zuzhen)                  0.00 *    0.35 r
  zz/jm_dataa/D (DFFC)                     0.98 *    1.33 r
  data arrival time                                  1.33

  clock jm_clk1 (rise edge)                0.00      0.00
  clock network delay (propagated)         2.09 *    2.09
  zz/jm_dataa/CLK (DFFC)                             2.09 r
  library hold time                        0.00 *    2.09
  data required time                                 2.09
  --------------------------------------------------------
  data required time                                 2.09
  data arrival time                                 -1.33
  --------------------------------------------------------
  slack (VIOLATED)                                  -0.76
```

图 4－51　最小工况输入接口时序分析结果

```
pt_shell> report_timing -to [get_port djmdata]
***************************************
Report : timing
        -path_type full
        -delay_type max
        -max_paths 1
Design : top
Version: D-2010.06-SP3-5
Date   : Sun May 19 02:54:06 2019
***************************************


  Startpoint: jz/Dataout (rising edge-triggered flip-flop clocked by pll_clk1)
  Endpoint: djmdata (output port clocked by pll_clk1)
  Path Group: pll_clk1
  Path Type: max

  Point                                    Incr      Path
  --------------------------------------------------------
  clock pll_clk1 (rise edge)               0.00      0.00
  clock network delay (propagated)         6.99 *    6.99
  jz/Dataout/CLK (DFFS)                    0.00      6.99 r
  jz/Dataout/Q (DFFS)                      0.92 *    7.92 f
  jz/djmdata_c (jiezhen)                   0.00 *    7.92 f
  djmdata_pad/PAD (OB33PH)                 4.45 *   12.37 f
  djmdata (out)                            0.00     12.37 f
  data arrival time                                 12.37

  clock pll_clk1 (rise edge)             122.04    122.04
  clock network delay (propagated)         2.88    124.92
  output external delay                   -1.00    123.92
  data required time                               123.92
  --------------------------------------------------------
  data required time                               123.92
  data arrival time                                -12.37
  --------------------------------------------------------
  slack (MET)                                      111.55
```

```
pt_shell> report_timing -to [get_port djmdata] -delay_type min
***************************************
Report : timing
        -path_type full
        -delay_type min
        -max_paths 1
Design : top
Version: D-2010.06-SP3-5
Date   : Sun May 19 02:55:26 2019
***************************************


  Startpoint: jz/Dataout (rising edge-triggered flip-flop clocked by pll_clk1)
  Endpoint: djmdata (output port clocked by pll_clk1)
  Path Group: pll_clk1
  Path Type: min

  Point                                    Incr      Path
  --------------------------------------------------------
  clock pll_clk1 (rise edge)               0.00      0.00
  clock network delay (propagated)         6.99 *    6.99
  jz/Dataout/CLK (DFFS)                    0.00      6.99 r
  jz/Dataout/Q (DFFS)                      0.71 *    7.70 r
  jz/djmdata_c (jiezhen)                   0.00 *    7.70 r
  djmdata_pad/PAD (OB33PH)                 4.04 *   11.74 r
  djmdata (out)                            0.00     11.74 r
  data arrival time                                 11.74

  clock pll_clk1 (rise edge)               0.00      0.00
  clock network delay (propagated)         2.88      2.88
  output external delay                   -0.30      2.58
  data required time                                 2.58
  --------------------------------------------------------
  data required time                                 2.58
  data arrival time                                -11.74
  --------------------------------------------------------
  slack (MET)                                        9.17
```

图 4－52　最大工况输出接口时序分析结果

```
pt_shell> report_timing -to [get_port djmdata]
************************************
Report : timing
        -path_type full
        -delay_type max
        -max_paths 1
Design : top
Version: D-2010.06-SP3-5
Date   : Sun May 19 02:57:55 2019
************************************


Startpoint: jz/Dataout (rising edge-triggered flip-flop clocked by pll_clk1)
Endpoint: djmdata (output port clocked by pll_clk1)
Path Group: pll_clk1
Path Type: max

Point                                   Incr      Path
------------------------------------------------------------
clock pll_clk1 (rise edge)              0.00      0.00
clock network delay (propagated)        3.52 *    3.52
jz/Dataout/CLK (DFFS)                    0.00      3.52 r
jz/Dataout/Q (DFFS)                      0.46 *    3.98 f
jz/djmdata_c (jiezhen)                   0.00 *    3.98 f
djmdata_pad/PAD (OB33PH)                 2.24 *    6.22 f
djmdata (out)                            0.00      6.22 f
data arrival time                                  6.22

clock pll_clk1 (rise edge)             122.04    122.04
clock network delay (propagated)         1.45    123.49
output external delay                    -1.00   122.49
data required time                                122.49
------------------------------------------------------------
data required time                                122.49
data arrival time                                 -6.22
------------------------------------------------------------
slack (MET)                                       116.27
```

```
pt_shell> report_timing -to [get_port djmdata] -delay_type min
************************************
Report : timing
        -path_type full
        -delay_type min
        -max_paths 1
Design : top
Version: D-2010.06-SP3-5
Date   : Sun May 19 02:58:42 2019
************************************


Startpoint: jz/Dataout (rising edge-triggered flip-flop clocked by pll_clk1)
Endpoint: djmdata (output port clocked by pll_clk1)
Path Group: pll_clk1
Path Type: min

Point                                   Incr      Path
------------------------------------------------------------
clock pll_clk1 (rise edge)              0.00      0.00
clock network delay (propagated)        3.52 *    3.52
jz/Dataout/CLK (DFFS)                    0.00      3.52 r
jz/Dataout/Q (DFFS)                      0.36 *    3.87 r
jz/djmdata_c (jiezhen)                   0.00 *    3.87 r
djmdata_pad/PAD (OB33PH)                 2.03 *    5.90 r
djmdata (out)                            0.00      5.90 r
data arrival time                                  5.90

clock pll_clk1 (rise edge)              0.00      0.00
clock network delay (propagated)        1.45      1.45
output external delay                   -0.30      1.15
data required time                                 1.15
------------------------------------------------------------
data required time                                 1.15
data arrival time                                 -5.90
------------------------------------------------------------
slack (MET)                                        4.76
```

图 4 - 54　最大工况输出接口时序分析结果

dout <=(din1+din2) when en='1' else din1

在对组合逻辑进行延时分析时，通过设置起始点和终点，进行时序分析，在 Vivado 中通过 GUI 操作方式执行时序分析，如图 4 - 54 所示，选择后弹出对话框如图 4 - 55 所示，在此对话框中选择起点和终点。

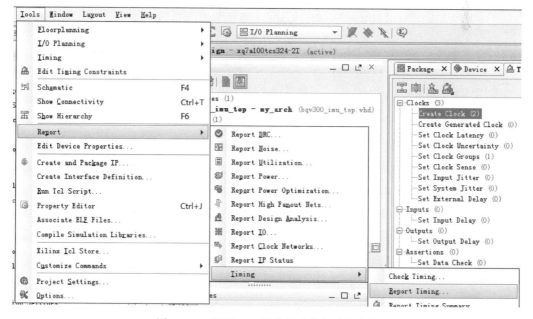

图 4 - 54　通过 GUI 操作方式执行时序分析

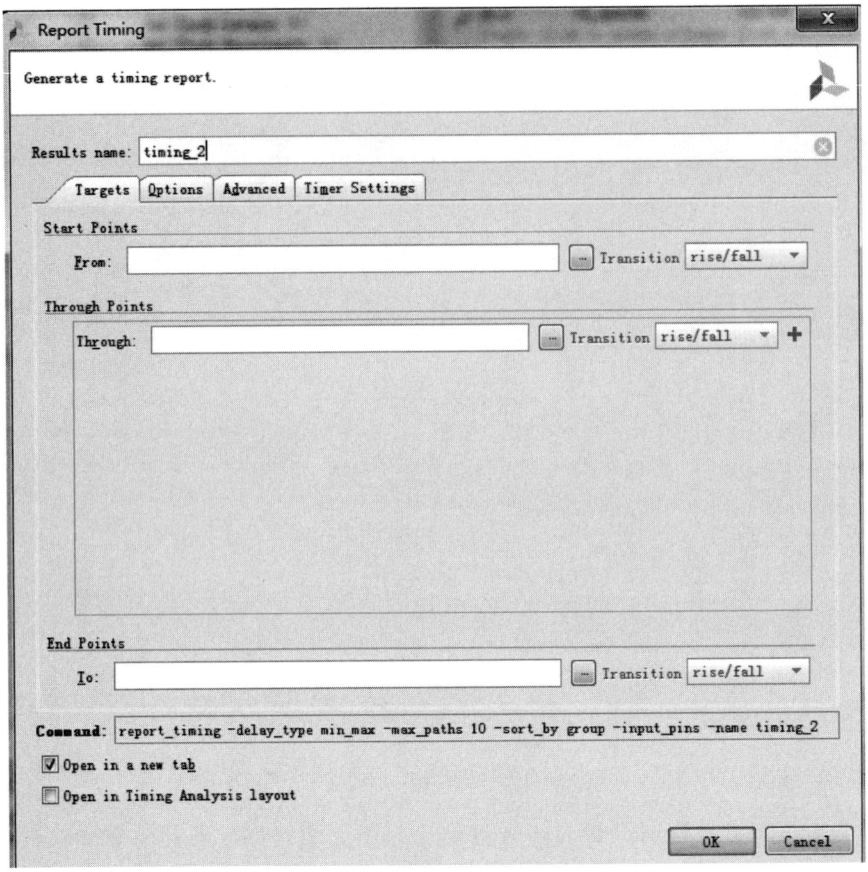

图 4-55 设置起点和终点对话框

通过上述方式，对端口 din2 到端口 dout 的路径延时分析结果如图 4-56 所示。

Name	Slack ▲1	Levels	High Fanout	From	To	Total Delay	Logic Delay	Net Delay	Logic %	Net %
⊟-⊟ Unconstrained Paths (1)										
⊟-⊟ (none) (4)										
Path 1	∞	4	3	din2[0]	dout[2]	6.575	3.701	2.873	56.3	43.7
Path 2	∞	4	3	din2[0]	dout[3]	6.489	3.687	2.801	56.8	43.2
Path 3	∞	3	3	din2[0]	dout[1]	5.974	3.427	2.547	57.4	42.6
Path 4	∞	3	3	din2[0]	dout[0]	5.687	3.395	2.292	59.7	40.3

图 4-56 未约束时端口到端口路径延时分析结果

4.2.2.5 复位信号时序分析

在对复位信号的恢复时间（Recovery time）和去除时间（Removal time）进行时序分析时，须在不同时钟域分别对最大、典型和最小三种工况下进行时序分析。下面通过 PrimeTime 时序分析工具进行说明，图 4-57～图 4-59 显示复位信号在 jm_clk1 时钟域下，三种工况的恢复时间余量和去除时间余量分析。通过分析结果可以看出，在 jm_clk1 时钟域下，最大、典型和最好三种工况下复位信号的恢复时间余量和去除时间余量均大于 0 ns，满足时序要求。

```
pt_shell> report_timing -from jm_clk1 -to jm_clk1 -delay_type max
***********************************************************
Report : timing
        -path_type full
        -delay_type max
        -max_paths 1
Design : top
Version: D-2010.06-SP3-5
Date   : Sun May 12 07:48:20 2019
***********************************************************

  Startpoint: zzclk_syc/res_syn
              (rising edge-triggered flip-flop clocked by jm_clk1)
  Endpoint: zz/suc_cnt[2]
              (recovery check against falling-edge clock jm_clk1)
  Path Group: **async_default**
  Path Type: max

  Point                                      Incr        Path
  ------------------------------------------------------------
  clock jm_clk1 (rise edge)                  0.00        0.00
  clock network delay (propagated)           4.16 *      4.16
  zzclk_syc/res_syn/CLK (DFFS)               0.00        4.16 r
  zzclk_syc/res_syn/Q (DFFS)                 0.92 *      5.08 f
  zzclk_syc/rst600_c (sync_4)                0.00 *      5.08 f
  zz/rst600_c (zuzhen)                       0.00 *      5.08 f
  zz/suc_cnt[2]/CLR (DFFLC)                  5.93 *     11.01 f
  data arrival time                                     11.01

  clock jm_clk1 (fall edge)                 61.03       61.03
  clock network delay (propagated)           4.39 *     65.42
  zz/suc_cnt[2]/CLK (DFFLC)                             65.42 f
  library recovery time                      0.00 *     65.42
  data required time                                    65.42
  ------------------------------------------------------------
  data required time                                    65.42
  data arrival time                                    -11.01
  ------------------------------------------------------------
  slack (MET)                                           54.41
```

```
pt_shell> report_timing -from jm_clk1 -to jm_clk1 -delay_type min
***********************************************************
Report : timing
        -path_type full
        -delay_type min
        -max_paths 1
Design : top
Version: D-2010.06-SP3-5
Date   : Sun May 12 07:40:18 2019
***********************************************************

  Startpoint: zzclk_syc/res_syn
              (rising edge-triggered flip-flop clocked by jm_clk1)
  Endpoint: zz/jm_fztba
              (removal check against rising-edge clock jm_clk1)
  Path Group: **async_default**
  Path Type: min

  Point                                      Incr        Path
  ------------------------------------------------------------
  clock jm_clk1 (rise edge)                  0.00        0.00
  clock network delay (propagated)           4.16 *      4.16
  zzclk_syc/res_syn/CLK (DFFS)               0.00        4.16 r
  zzclk_syc/res_syn/Q (DFFS)                 0.92 *      5.08 f
  zzclk_syc/res_syn_RNIBHF_2/Y (BFR)         0.00 *      5.08 f
  zzclk_syc/rst600_c_3 (sync_4)              0.00 *      5.08 f
  zz/rst600_c_3 (zuzhen)                     0.00 *      5.08 f
  zz/jm_fztba/SET (DFFS)                     2.03 *      7.11 f
  data arrival time                                      7.11

  clock jm_clk1 (rise edge)                  0.00        0.00
  clock network delay (propagated)           4.16 *      4.16
  zz/jm_fztba/CLK (DFFS)                                 4.16 r
  library removal time                       0.33 *      4.49
  data required time                                     4.49
  ------------------------------------------------------------
  data required time                                     4.49
  data arrival time                                     -7.11
  ------------------------------------------------------------
  slack (MET)                                            2.62
```

图 4 - 57　最大工况下复位信号时序分析

```
pt_shell> report_timing -from jm_clk1 -to jm_clk1 -delay_type max
***********************************************************
Report : timing
        -path_type full
        -delay_type max
        -max_paths 1
Design : top
Version: D-2010.06-SP3-5
Date   : Sun May 12 07:41:55 2019
***********************************************************

  Startpoint: zzclk_syc/res_syn
              (rising edge-triggered flip-flop clocked by jm_clk1)
  Endpoint: zz/suc_cnt[2]
              (recovery check against falling-edge clock jm_clk1)
  Path Group: **async_default**
  Path Type: max

  Point                                      Incr        Path
  ------------------------------------------------------------
  clock jm_clk1 (rise edge)                  0.00        0.00
  clock network delay (propagated)           3.32 *      3.32
  zzclk_syc/res_syn/CLK (DFFS)               0.00        3.32 r
  zzclk_syc/res_syn/Q (DFFS)                 0.73 *      4.05 f
  zzclk_syc/rst600_c (sync_4)                0.00 *      4.05 f
  zz/rst600_c (zuzhen)                       0.00 *      4.05 f
  zz/suc_cnt[2]/CLR (DFFLC)                  4.73 *      8.78 f
  data arrival time                                      8.78

  clock jm_clk1 (fall edge)                 61.03       61.03
  clock network delay (propagated)           3.50 *     64.53
  zz/suc_cnt[2]/CLK (DFFLC)                             64.53 f
  library recovery time                      0.00 *     64.53
  data required time                                    64.53
  ------------------------------------------------------------
  data required time                                    64.53
  data arrival time                                     -8.78
  ------------------------------------------------------------
  slack (MET)                                           55.76
```

```
pt_shell> report_timing -from jm_clk1 -to jm_clk1 -delay_type min
***********************************************************
Report : timing
        -path_type full
        -delay_type min
        -max_paths 1
Design : top
Version: D-2010.06-SP3-5
Date   : Sun May 12 07:42:42 2019
***********************************************************

  Startpoint: zzclk_syc/res_syn
              (rising edge-triggered flip-flop clocked by jm_clk1)
  Endpoint: zz/jm_fztba
              (removal check against rising-edge clock jm_clk1)
  Path Group: **async_default**
  Path Type: min

  Point                                      Incr        Path
  ------------------------------------------------------------
  clock jm_clk1 (rise edge)                  0.00        0.00
  clock network delay (propagated)           3.32 *      3.32
  zzclk_syc/res_syn/CLK (DFFS)               0.00        3.32 r
  zzclk_syc/res_syn/Q (DFFS)                 0.73 *      4.05 f
  zzclk_syc/res_syn_RNIBHF_2/Y (BFR)         0.00 *      4.05 f
  zzclk_syc/rst600_c_3 (sync_4)              0.00 *      4.05 f
  zz/rst600_c_3 (zuzhen)                     0.00 *      4.05 f
  zz/jm_fztba/SET (DFFS)                     1.62 *      5.67 f
  data arrival time                                      5.67

  clock jm_clk1 (rise edge)                  0.00        0.00
  clock network delay (propagated)           3.32 *      3.32
  zz/jm_fztba/CLK (DFFS)                                 3.32 r
  library removal time                       0.23 *      3.55
  data required time                                     3.55
  ------------------------------------------------------------
  data required time                                     3.55
  data arrival time                                     -5.67
  ------------------------------------------------------------
  slack (MET)                                            2.12
```

图 4 - 58　典型工况下复位信号时序分析

图 4-59　最小工况下复位信号时序分析

4.2.2.6　时序分析覆盖率

完整的时序分析，需分析程序中的所有时序路径，在 Prime Time 中，可以通过 report_analysis_coverage 命令统计静态时序分析的覆盖情况，如图 4-60 所示。针对时序分析没有覆盖的路径，须确认时序是否满足要求。

图 4-60　静态时序分析覆盖率

4.6　逻辑等效性检查

逻辑等效性检查是对软件的设计代码、逻辑综合之后的网表文件，布局布线之后的网表文件，两两之间开展的逻辑等效性检查和分析，包括寄存器复制/移除/合并、常量寄存器/锁存器、未驱动信号、状态机重编码等。逻辑等效性检查一般包含以下工作内容：

（1）输入文件

1）测试说明；

2）RTL 源代码；

3）逻辑综合或布局布线后网表文件。

（2）技术要求

1）依据测试用例的要求，对设计代码、逻辑综合后的网表文件及布局布线后的网表文件开展逻辑等效性检查；

2）在逻辑等效性检查工具中加载被测文件；

3）在逻辑等效性检查工具中人工对尚未匹配的比对点进行分析和匹配；

4）执行逻辑等效性检查；

5）人工对分析结果进行二次分析，对不等价点进行问题追踪和定位。

逻辑等价性检查工具主要有 Synopsys 公司的 Formality、Cadence 公司的 Conformal LEC、OneSpin 公司的 EC‐FPGA。下面以 Synopsys 公司的逻辑等效性检查工具 Formality 为例说明如何开展逻辑等效性检查。

Formality 的使用流程如图 4‐61 所示，主要包括：启动 Formality、加载指导文件、加载参考设计、加载被验证设计、执行 setup、执行 match 过程、运行 verify 过程、调试过程 debug。

4.6.1　启动

1）启动 license；

2）进入 Formality 所在目录；

3）输入 Formality ［‐gui］。‐gui 表示以图形界面方式启动 Formality。

4.6.2　加载指导文件

添加对等效性检查有指导作用的文件，一般为 .svf 文件，但 FPGA 验证过程中一般无该文件，该步骤可跳过。

4.6.3　加载参考设计和被验证设计

主要包括加载库文件、读入设计文件（RTL 编码或综合、布局布线后网表文件）和设置顶层模块，如图 4‐62 所示。

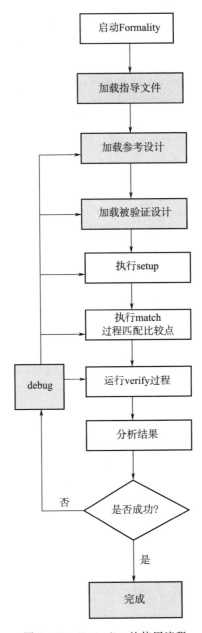

图 4 - 61　Formality 的使用流程

4.6.4　执行 setup

setup 主要用来添加一些设置，帮助 Formality 更好地进行 match 和 veriry。设置主要包括设置 blackbox、常量端口等。

（1）设置 blackbox

命令为：fm _ shell（setup）＞ set _ black _ box r：/WORK/mod。

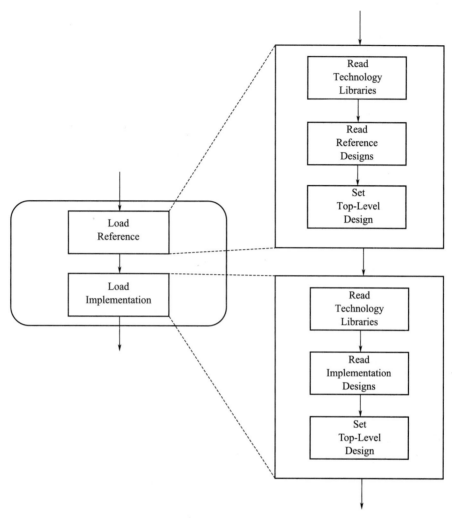

图 4 - 62　加载设计流程图

（2）设置常量端口

设置常量端口的例子：m ＿ shell（setup）＞ set ＿ constant。

4.6.5　执行 match

执行 match 的过程中，Formality 会自动将比较点进行匹配，并给出匹配结果。

命令为：fm ＿ shell（setup）＞ match。

匹配结果包括两种：匹配成功、存在未匹配点。

匹配成功则可以直接进入下一步 verify。

但大多情况下是存在未匹配点的，出现未匹配点时应考虑如下情况：

1）综合前后信号命名发生变化，Formality 无法识别；

2）出现寄存器合并的情况，综合工具可能将输入相同的寄存器合并；

3) 出现寄存器复制的情况, 综合工具也可能将某些寄存器复制为多个寄存器;

4) 综合工具可能会自动为状态机添加异常处理, 这些增加的寄存器无法找到综合前的对应匹配点;

5) 综合工具所做的其他操作所造成的综合前后不一致。

4.6.6 执行 verify

verify 主要作用是对 match 中配对的比较点进行功能是否等价的确认。

命令为: fm_shell (match) > verify

verify 的结果包括:

1) Succeeded: 两设计逻辑等价;

2) Failed: 两设计逻辑不等价;

3) Inconclusive: 无不等价点, 但无法完整验证 (设计复杂导致超时);

4) Not run: 在 veriry 过程前存在无法解决的问题, 造成无法执行验证。

veriry 结果成功示例如图 4 - 63 所示, veriry 结果失败示例如图 4 - 64 所示。

```
fm_shell (match)> verify
Reference design is 'r:/WORK/test'
Implementation design is 'i:/WORK/test'

******************************** Matching Results ********************************
 16 Compare points matched by name
 0 Compare points matched by signature analysis
 0 Compare points matched by topology
 9 Matched primary inputs, black-box outputs
 0(0) Unmatched reference(implementation) compare points
 0(0) Unmatched reference(implementation) primary inputs, black-box outputs
*********************************************************************************

Status:  Verifying...

************************** Verification Results **************************
Verification SUCCEEDED
---------------------
 Reference design: r:/WORK/test
 Implementation design: i:/WORK/test
 16 Passing compare points
-------------------------------------------------------------------------
Matched Compare Points    BBPin    Loop    BBNet    Cut    Port    DFF    LAT    TOTAL
-------------------------------------------------------------------------
Passing (equivalent)        0        0       0       0      8       8      0      16
Failing (not equivalent)    0        0       0       0      0       0      0       0
*************************************************************************
fm_shell (verify)>
```

图 4 - 63　veriry 成功

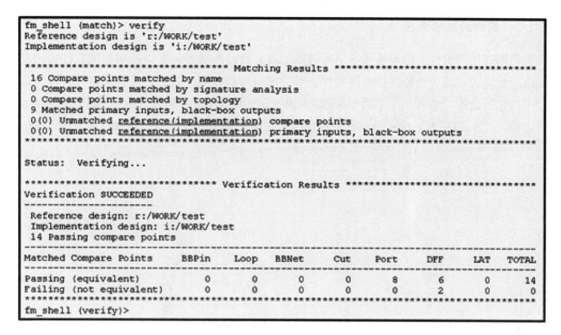

图 4 - 64　veriry 失败

4.6.7　注意事项

在利用 Formality 进行逻辑等价性检查时，需注意以下两点。

1）在读入设计文件时，当读入的文件为 VHDL 时，应按一定顺序读入（一般先读入被调用文件，再读入上层文件）；

2）在读入设计文件时，经常会报告出 warning 和 error，导致设计文件无法读入，这时需要设置环境变量来消除 warning 和 error。

4.7　实物测试

4.7.1　实物测试的主要内容

实物测试是将配置文件加载到真实的目标机中，通过外部接口向可编程逻辑器件施加激励，检测其输出是否满足预期结果的过程。实物测试一般用于需要长时间运行的性能测试、有误差累积要求的强度测试、复杂任务剖面测试及其他无法通过功能仿真方法达成的测试场景。实物测试包含以下工作内容：

1）依据被测试可编程逻辑器件的任务书或需求规格说明设计测试用例；

2）在真实目标机中，运行测试用例，记录测试结果；

3）分析测试结果，提出相应的可编程逻辑器件问题。

4.7.2　实物测试的方法

根据软件需求规格说明或任务书拆解测试项并设计测试用例，应逐项测试软件需求规格说明规定的功能、性能、接口等特性。对关键信号和数据的验证，可以采用开发环境自带工具进行监控，如 Xilinx 系列可采用 ChipScope、Quartus 系列可采用 SignalTap 进行实时监控。对于 FPGA 可以引出的管脚或信号，可采用万用表或示波器对信号进行测试。

第 5 章   航天型号可编程逻辑器件软件验证实践

本章通过灰度图像信息采集 FPGA 逻辑，对航天型号可编程逻辑器件软件验证过程进行说明。

5.1   灰度图像信息采集 FPGA 逻辑需求说明

5.1.1   功能需求说明

灰度图像信息采集 FPGA 逻辑功能主要包含以下几方面。

1）对输入的灰度图像进行分辨率检查。当分辨率正确时，置状态标识为 0xaa，分辨率错误时，置状态标识为 0x55，上电初始化状态为 0xaa。

2）图像像素为 320×256，帧频为 50Hz，像素时钟为 8 MHz，输入的灰度图像时序如图 5-1 所示。

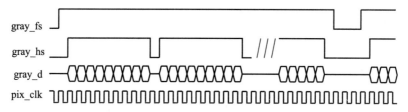

图 5-1   输入的灰度图像时序

注：行同步间隔为 10 个像素时钟周期，数据与行同步对齐，像素时钟上升沿对应像素灰度变化沿。帧同步上升沿与行同步上升沿相差 50 个像素时钟，帧同步下降沿与行同步下降沿相差 50 个像素时钟。

3）对输入图像进行帧计数，计数器位宽为 16 bits，当计到最大值时，计数器清零；

4）计算每帧图像的最大灰度值和最小灰度值；

5）将分辨率状态标识、图像帧计数、最大灰度值、最小灰度值按表 5-1 所示的帧结构，通过 PCM 接口发送出去。PCM 接口时序如图 5-2 所示，PCM 接口时钟为 1 MHz，在发送时，先发高字节，每一字节先发高位。

表 5-1   PCM 发送帧结构

帧头	分辨率检测状态	图像最大灰度值	图像最小灰度值	图像帧计数	校验和
2 个字节（EB90）	1 个字节 正确:0xaa 错误:0x55	1 个字节	1 个字节	2 个字节	1 个字节（除帧头累加和，取低 8 位）

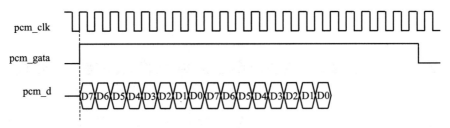

图 5 - 2　PCM 接口时序

5.1.2　开发环境说明

灰度图像信息采集 FPGA 逻辑采用 Xilinx 公司的 xq7a100tcs324 - 2I 芯片，开发环境为 Vivado 2015.4。

5.1.3　程序设计

灰度图像信息采集 FPGA 逻辑程序设计由底层模块、分辨率检测及信息提取模块和 PCM 发送模块三部分组成。

（1）底层模块

底层模块程序设计如下：

```
module image_example(
    rst_n,
    clk_in,
    image_clk,
    image_fs,
    image_hs,
    image_data,
    pcm_gata,
    pcm_clk,
    pcm_data);
input rst_n;
input clk_in;
input image_clk;
input image_fs;
input image_hs;
input[7:0]    image_data;

output pcm_gata;
output pcm_clk;
```

```
output pcm_data;

wire[7:0]detect_result_in;
wire[7:0]max_gray_in;
wire[7:0]min_gray_in;
wire[15:0]frame_num_in;
wire trans_begin_in;

image_informationimage_information_module(
    .rst_n(rst_n),
    .image_clk(image_clk),
    .image_fs(image_fs),
    .image_hs(image_hs),
    .image_data(image_data),
    .detect_result(detect_result_in),
    .max_gray(max_gray_in),
    .min_gray(min_gray_in),
    .frame_num(frame_num_in),
    .pcm_trans_begin(trans_begin_in));

pcm_transpcm_trans_module(
    .rst_n(rst_n),
    .clk(clk_in),
    .detect_result(detect_result_in),
    .max_gray(max_gray_in),
    .min_gray(min_gray_in),
    .frame_num(frame_num_in),
    .pcm_trans_begin(trans_begin_in),
    .pcm_gata_in(pcm_gata),
    .pcm_clk_in(pcm_clk),
    .pcm_d(pcm_data));
endmodule
```

（2）分辨率检测及信息提取模块

分辨率检测及信息提取模块程序设计如下：

```
module image_information(
    rst_n,
```

```
            image_clk,

            image_fs,

            image_hs,

            image_data,

            detect_result,

            max_gray,

            min_gray,

            frame_num,

            pcm_trans_begin);

    input rst_n;

    input image_clk;

    input image_fs;

    input image_hs;

    input[7:0]   image_data;

    output reg[7:0]detect_result;

    output reg[7:0]max_gray;

    output reg[7:0]min_gray;

    output[15:0]frame_num;

    output reg pcm_trans_begin;


    reg   [7:0]   row_cnt;

    reg   rst_image_clk_buf;

    reg   rst_image_clk;

    reg[1:0]image_fs_buf;

    reg[1:0]image_hs_buf;

    reg[15:0]frame_num_reg;

    reg pcm_trans_begin_buf1;


    assign frame_num = frame_num_reg;

    always @(negedge rst_n or negedge image_clk)

    begin

        if(rst_n==0)

        begin

            rst_image_clk_buf <=0;

            rst_image_clk <=0;

        end
```

```
        else
        begin
            rst_image_clk_buf <= 1;
            rst_image_clk <= rst_image_clk_buf;
        end
    end


always @ (negedge image_clk)
begin
    image_fs_buf <= {image_fs_buf[0], image_fs};
    image_hs_buf <= {image_hs_buf[0], image_hs};
end


always @ (negedge rst_image_clk or negedge image_clk)
begin
    if(rst_image_clk == 0)
    begin
        row_cnt <= 0;
    end
    else
    begin
    if(image_fs_buf == 2'b01)
    begin
        row_cnt <= 0;
    end
    else if(image_fs_buf[1] == 1'b1 && image_hs_buf == 2'b10)
    begin
        row_cnt <= row_cnt + 1'b1;
    end
    end
end


always @ (negedge rst_image_clk or negedge image_clk)
begin
    if(rst_image_clk == 0)
    begin
```

```verilog
                    detect_result <= 8'haa;
            end
        else
        begin
                if(image_fs_buf == 2'b10)
                begin
                        if(row_cnt == 8'hff)
                        begin
                                detect_result <= 8'haa;
                        end
                        else
                        begin
                                detect_result <= 8'h55;
                        end
                end
        end
    end


always @(negedge rst_image_clk or negedge image_clk)
begin
    if(rst_image_clk == 0)
        begin
            max_gray <= 0;
            min_gray <= 8'hff;
        end
    else
    begin
            if(image_fs_buf == 2'b01)
        begin
            max_gray <= 0;
            min_gray <= 8'hff;
        end
        else if(image_fs == 1'b1 && image_hs == 1'b1)
        begin
            if(image_data > max_gray)
            begin
```

```
                        max_gray <= image_data;
                end
            else if(image_data < min_gray)
            begin
                    min_gray <= image_data;
            end
        end
    end
end


always @(negedge rst_image_clk or negedge image_clk)
begin
    if(rst_image_clk == 0)
    begin
        frame_num_reg <= 0;
    end
    else
    begin
        if(image_fs_buf == 2'b10)
        begin
            frame_num_reg <= frame_num_reg + 1'b1;
        end
    end
end


always @(negedge rst_image_clk or negedge image_clk)
begin
    if(rst_image_clk == 1'b0)
    begin
        pcm_trans_begin_buf1 <= 1'b0;
    end
    else
    begin
        if(image_fs_buf == 2'b10)
        begin
            pcm_trans_begin_buf1 <= 1'b1;
```

```verilog
                end
            else if( image_fs_buf = = 2'b0 1)
            begin
                    pcm_trans_begin_buf1 < = 1'b0;
            end
        end
    end
end


always @(negedge rst_image_clk or negedge image_clk)
begin
        if( rst_image_clk = = 1'b0)
        begin
            pcm_trans_begin < = 1'b0;
        end
        else
        begin
            pcm_trans_begin < = pcm_trans_begin_buf1;
        end
end
endmodule
```

（3）PCM 发送模块

PCM 发送模块程序设计如下：

```verilog
module pcm_trans(
    rst_n,
    clk,
    detect_result,
    max_gray,
    min_gray,
    frame_num,
    pcm_trans_begin,
    pcm_gata_in,
    pcm_clk_in,
    pcm_d);
input rst_n;
input clk;
input[7:0]detect_result;
```

```
input[7:0]max_gray;

input[7:0]min_gray;

input[15:0]frame_num;

input pcm_trans_begin;

output reg pcm_gata_in;

output pcm_clk_in;

output reg pcm_d;


parameter FRAME_HEAD = 16'hEB90;


reg rst_clk_buf;

reg rst_clk;

reg[3:0]pcm_trans_begin_reg;

reg[63:0]trans_data;

reg[8:0]trans_cnt;

reg[7:0]verify;


assign pcm_clk_in = clk;

always @(negedge rst_n or posedge clk)

begin

        if(rst_n = = 0)

        begin

            rst_clk_buf <= 0;

            rst_clk <= 0;

        end

        else

        begin

            rst_clk_buf <= 1;

            rst_clk <= rst_clk_buf;

        end

end


always @(negedge rst_clk or posedge clk)

begin

        if(rst_clk = = 1'b0)

        begin
```

```
                pcm_trans_begin_reg <= 0;
        end
        else
        begin
                pcm_trans_begin_reg <= {pcm_trans_begin_reg[2:0],pcm_trans_begin};
        end
    end


    always @(negedge rst_clk or posedge clk)
    begin
        if(rst_clk == 1'b0)
        begin
                trans_data <= 0;
        end
        else
        begin
                if(pcm_trans_begin_reg == 4'b0011)
                begin
                        verify <= detect_result + max_gray + min_gray + frame_num;
                end
            else if(pcm_trans_begin_reg == 4'b0111)
            begin
                        trans_data <= {FRAME_HEAD,detect_result,max_gray, min_gray,frame_num,
verify};
                end
        end
    end


    always @(negedge rst_clk or posedge clk)
    begin
        if(rst_clk == 1'b0)
        begin
                trans_cnt <= 0;
        end
        else
        begin
```

```
        if(pcm_trans_begin_reg == 4'b1111)
begin
        if(trans_cnt >= 70)
        begin
            trans_cnt <= 70;
        end
        else
        begin
            trans_cnt <= trans_cnt + 1;
        end
    end
    else
    begin
        trans_cnt <= 0;
    end
  end
end


always @(negedge rst_clk or posedge clk)
begin
    if(rst_clk == 1'b0)
    begin
        pcm_gata_in <= 0;
        pcm_d <= 0;
    end
    else
    begin
        if(trans_cnt > 0 && trans_cnt <= 64)
        begin
            pcm_gata_in <= 1;
            pcm_d <= trans_data[64 - trans_cnt];
        end
        else
        begin
            pcm_gata_in <= 0;
            pcm_d <= 0;
```

```
            end
        end
    end


    endmodule
```

5.2　灰度图像信息采集 FPGA 逻辑验证

可编程逻辑器件软件验证过程及要求已在第 3 章进行了论述，本节主要针对灰度图像信息采集 FPGA 逻辑验证过程用到的验证技术进行说明。

5.2.1　代码审查

依据代码审查单，结合测试工具对被测程序进行审查。此处以 LEDA 测试工具为例，对灰度图像信息采集 FPGA 逻辑进行测试，图 5-3 为 LEDA 分析结果。根据 LEDA 分析结果对程序进行审查，须覆盖编码规则、时钟设计、复位设计等。

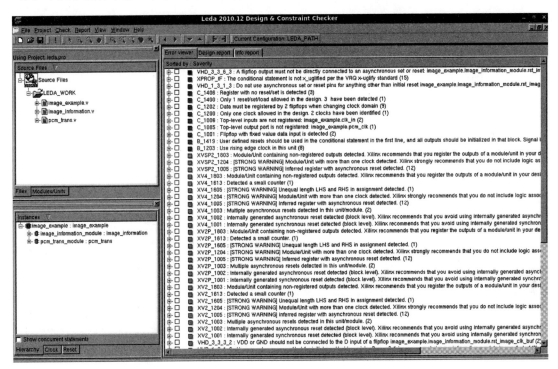

图 5-3　LEDA 分析结果

5.2.2　仿真验证

通过仿真，可以验证可编程逻辑器件软件的功能、性能、接口、安全性等要求，仿真前提是搭建仿真环境，针对灰度图像信息采集 FPGA 逻辑，须编制图像生成（image _ module. v）脚本和 PCM 接收（pcm _ rx. v）脚本，仿真测试工具在本例中采用 Questa Sim，仿真测试平台如图 5 - 4 所示。

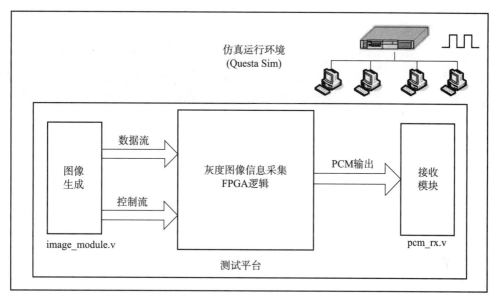

图 5 - 4　仿真测试平台

5. 2. 2. 1　功能仿真

功能仿真的输入文件为 RTL 源代码、图像生成（image _ module. v）脚本和 PCM 接收（pcm _ rx. v）脚本，在此通过图像信息 PCM 发送功能来说明功能仿真。

在 Questa Sim 中经编译后启动仿真，观察图像信息 PCM 发送功能仿真波形，如图 5 - 5 所示。

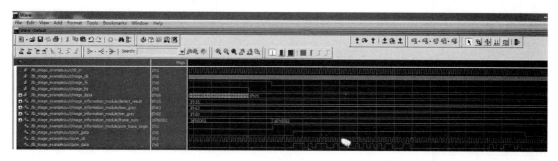

图 5 - 5　图像信息 PCM 发送功能仿真波形

5. 2. 2. 2　门级仿真

门级仿真的输入文件为综合后网表（image _ example _ synthesis. v）、图像生成（image _ module. v）脚本和 PCM 接收（pcm _ rx. v）脚本，在此通过图像信息 PCM 发送功能来说明门级仿真。

在 Questa Sim 中经编译后启动仿真，观察图像信息 PCM 发送门级仿真波形，如图
5 - 6 所示。

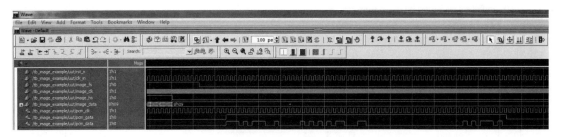

图 5 - 6　图像信息 PCM 发送门级仿真波形

5.2.2.3　时序仿真

时序仿真的输入文件为布局布线后网表（image ＿ example ＿ timesim. v）、标准延时文
件（image ＿ example ＿ timesim. sdf，包含三种工况延时信息）、图像生成（image ＿
module. v）脚本和 PCM 接收（pcm ＿ rx. v）脚本，在此通过图像信息 PCM 发送功能来说
明时序仿真。

在 Questa Sim 中经编译后启动仿真，观察图像信息 PCM 发送时序仿真波形，如图
5 - 7 ～图5 - 9 所示。

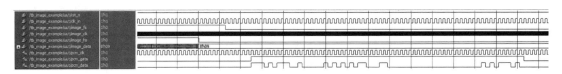

图 5 - 7　图像信息 PCM 发送时序仿真波形（最大工况）

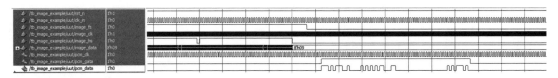

图 5 - 8　图像信息 PCM 发送时序仿真波形（典型工况）

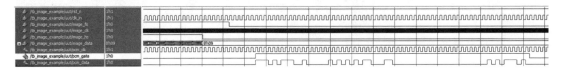

图 5 - 9　图像信息 PCM 发送时序仿真波形（最小工况）

5.2.3　静态时序分析

静态时序分析须在三种工况下进行，针对本设计，三种工况分别为：最大工况（电压

0.95 V、温度 85 ℃)、典型工况（电压 1 V、温度 25 ℃）和最小工况（电压 1.05 V、温度 0 ℃)。利用 ISE 自带时序分析工具 Timing Analysis，在三种工况下对各时钟域的时序进行分析，包括各时钟域的建立、保持时间余量和最高时钟频率余量。

在最大工况下分析 image＿clk 时钟域和 clk＿in 时钟域的建立、保持时间余量，如图 5-10 所示，可以看出 clk＿in 时钟域建立时间余量为 996.431 ns，保持时间余量为 0.385 ns；image＿clk 时钟域建立时间余量为 121.751 ns，保持时间余量为 0.393 ns；满足 image＿clk 时钟域和 clk＿in 时钟域的建立保持时间余量大于 0 ns 的要求。

```
Timing constraints
  TS_clk_in = PERIOD TIMEGRP "clk_in" 1000 ns HIGH 50%;
    Setup paths
      996.431  From  pcm_trans_module/trans_cnt_3  to  pcm_trans_module/pcm_d
      996.504  From  pcm_trans_module/trans_cnt_5  to  pcm_trans_module/pcm_d
      996.691  From  pcm_trans_module/trans_cnt_3  to  pcm_trans_module/pcm_d
    Hold paths
      0.385  From  pcm_trans_module/verify_7  to  pcm_trans_module/trans_data_7
      0.415  From  pcm_trans_module/trans_cnt_6  to  pcm_trans_module/trans_cnt_6
      0.438  From  pcm_trans_module/pcm_trans_begin_reg_2  to  pcm_trans_module/pcm_trans_begin_reg_3
    Component switching limits
  TS_image_clk = PERIOD TIMEGRP "image_clk" 125 ns HIGH 50%;
    Setup paths
      121.751  From  image_information_module/min_gray_7  to  image_information_module/min_gray_3
      121.753  From  image_information_module/min_gray_7  to  image_information_module/min_gray_3
      121.896  From  image_information_module/min_gray_7  to  image_information_module/min_gray_5
    Hold paths
      0.393  From  image_information_module/row_cnt_7  to  image_information_module/detect_result_0
      0.399  From  image_information_module/row_cnt_4  to  image_information_module/detect_result_1
      0.404  From  image_information_module/pcm_trans_begin_buf1  to  image_information_module/pcm_trans_begin
    Component switching limits
```

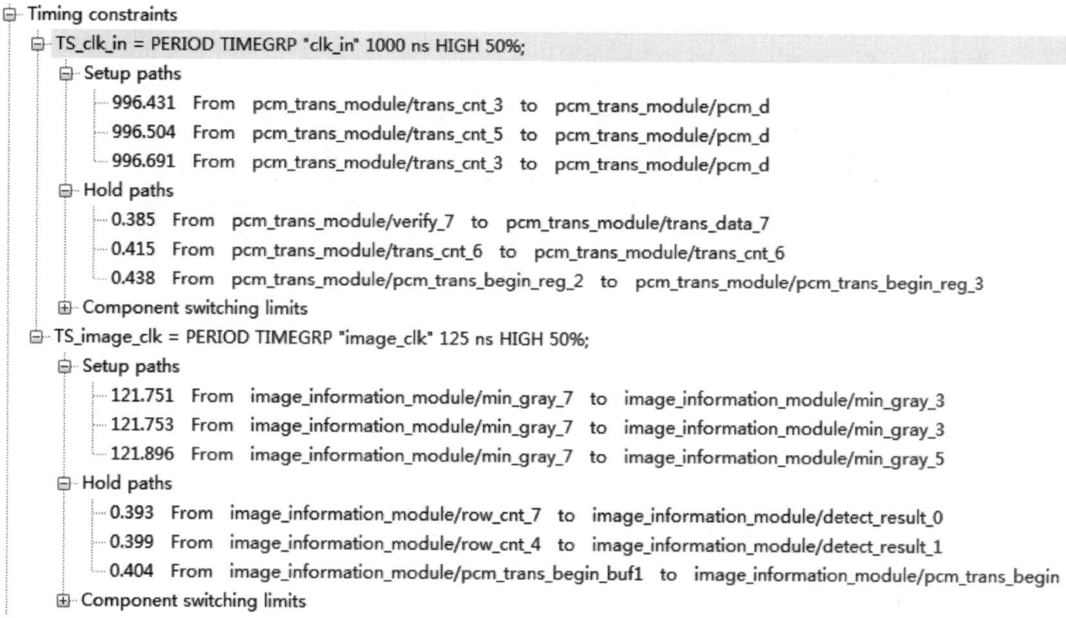

图 5-10　最大工况下 image＿clk 时钟域和 clk＿in 时钟域的建立、保持时间余量

在典型工况下分析 image＿clk 时钟域和 clk＿in 时钟域的建立、保持时间余量，如图 5-11 所示，可以看出 clk＿in 时钟域建立时间余量为 996.599 ns，保持时间余量为 0.366 ns；image＿clk 时钟域建立时间余量为 121.911 ns，保持时间余量为 0.375 ns；满足 image＿clk 时钟域和 clk＿in 时钟域的建立保持时间余量大于 0 ns 的要求。

在最小工况下分析 image＿clk 时钟域和 clk＿in 时钟域的建立、保持时间余量，如图 5-12 所示，可以看出 clk＿in 时钟域建立时间余量为 996.767 ns，保持时间余量为 0.344 ns；image＿clk 时钟域建立时间余量为 122.069 ns，保持时间余量为 0.353 ns；满足 image＿clk 时钟域和 clk＿in 时钟域的建立保持时间余量大于 0 ns 的要求。

通过在最大、典型和最小三种工况下对 image＿clk 时钟域和 clk＿in 时钟域的建立、保持时间余量的分析可知，在三种工况下，image＿clk 时钟域和 clk＿in 时钟域的建立保持时间余量均大于 0 ns，满足时序要求。

在最大、典型和最小三种工况下分析 image＿clk 时钟和 clk＿in 时钟的最高时钟频率，测试 image＿clk 时钟和 clk＿in 时钟最高时钟频率余量是否满足 20% 要求。

```
Timing constraints
  TS_clk_in = PERIOD TIMEGRP "clk_in" 1000 ns HIGH 50%;
    Setup paths
      996.599  From  pcm_trans_module/trans_cnt_3  to  pcm_trans_module/pcm_d
      996.670  From  pcm_trans_module/trans_cnt_5  to  pcm_trans_module/pcm_d
      996.847  From  pcm_trans_module/trans_cnt_3  to  pcm_trans_module/pcm_d
    Hold paths
      0.366  From  pcm_trans_module/verify_7  to  pcm_trans_module/trans_data_7
      0.394  From  pcm_trans_module/trans_cnt_6  to  pcm_trans_module/trans_cnt_6
      0.416  From  pcm_trans_module/pcm_trans_begin_reg_2  to  pcm_trans_module/pcm_trans_begin_reg_3
    Component switching limits
  TS_image_clk = PERIOD TIMEGRP "image_clk" 125 ns HIGH 50%;
    Setup paths
      121.911  From  image_information_module/min_gray_7  to  image_information_module/min_gray_3
      121.913  From  image_information_module/min_gray_7  to  image_information_module/min_gray_3
      122.050  From  image_information_module/min_gray_7  to  image_information_module/min_gray_5
    Hold paths
      0.375  From  image_information_module/row_cnt_7  to  image_information_module/detect_result_0
      0.380  From  image_information_module/row_cnt_4  to  image_information_module/detect_result_1
      0.383  From  image_information_module/pcm_trans_begin_buf1  to  image_information_module/pcm_trans_begin
    Component switching limits
```

图 5-11 典型工况下 image_clk 时钟域和 clk_in 时钟域的建立、保持时间余量

```
Timing constraints
  TS_clk_in = PERIOD TIMEGRP "clk_in" 1000 ns HIGH 50%;
    Setup paths
      996.767  From  pcm_trans_module/trans_cnt_3  to  pcm_trans_module/pcm_d
      996.836  From  pcm_trans_module/trans_cnt_5  to  pcm_trans_module/pcm_d
      997.001  From  pcm_trans_module/trans_cnt_3  to  pcm_trans_module/pcm_d
    Hold paths
      0.344  From  pcm_trans_module/verify_7  to  pcm_trans_module/trans_data_7
      0.374  From  pcm_trans_module/trans_cnt_6  to  pcm_trans_module/trans_cnt_6
      0.395  From  pcm_trans_module/pcm_trans_begin_reg_2  to  pcm_trans_module/pcm_trans_begin_reg_3
    Component switching limits
  TS_image_clk = PERIOD TIMEGRP "image_clk" 125 ns HIGH 50%;
    Setup paths
      122.069  From  image_information_module/min_gray_7  to  image_information_module/min_gray_3
      122.071  From  image_information_module/min_gray_7  to  image_information_module/min_gray_3
      122.202  From  image_information_module/min_gray_7  to  image_information_module/min_gray_5
    Hold paths
      0.353  From  image_information_module/row_cnt_7  to  image_information_module/detect_result_0
      0.358  From  image_information_module/row_cnt_4  to  image_information_module/detect_result_1
      0.362  From  image_information_module/pcm_trans_begin_buf1  to  image_information_module/pcm_trans_begin
    Component switching limits
```

图 5-12 最小工况下 image_clk 时钟域和 clk_in 时钟域的建立、保持时间余量

在最大工况下，image_clk 时钟最小周期为 3.249 ns，clk_in 时钟最小周期为 3.569 ns。

在典型工况下，image_clk 时钟最小周期为 3.089 ns，clk_in 时钟最小周期为 3.401 ns。

在最小工况下，image ＿ clk 时钟最小周期为 2.931 ns，clk ＿ in 时钟最小周期为
3.233 ns。

对三种工况下的最高时钟频率进行分析，image ＿ clk 时钟最小周期为 3.249 ns，即
image ＿ clk 时钟最高时钟频率为 303.95 MHz，最高时钟频率余量为 97.37％，满足 20％
余量要求。clk ＿ in 时钟最小周期为 3.569 ns，最高时钟频率余量为 99.64％，满足 20％余
量要求。

5.2.4　跨时钟域检查

将源代码作为输入文件，利用跨时钟域检查工具 Questa CDC 进行检查，检查结果如
图 5 - 13 所示。

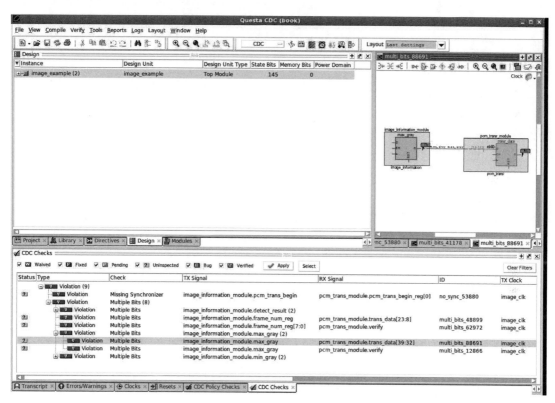

图 5 - 13　Questa CDC 检查结果

从图 5 - 13 中可以看出，跨时钟域分析工具提示存在信号跨时钟域未处理情况，并列
出了跨时钟域路径。在这种情况下，须对跨时钟域路径进行分析，确认是否存在亚稳态现
象，若存在，则提交问题报告，反之，则为工具虚报。

针对本项目中工具报出的跨时钟域问题，经分析，程序在设计时序上保证了在接收端
采集数据时数据保持稳定，不会变化，进而不会产生亚稳态现象。故在本项目中，不存在
跨时钟域未处理问题。

5.2.5　逻辑等效性检查

逻辑等效性检查是检查 RTL 源代码与布局布线网表之间的一致性，利用 ISE 生成逻辑等价性检查网表 image_example_lec.v，利用等价性检查工具 OneSpin360 进行逻辑等效性检查，检查结果如图 5-14 所示，结果显示 RTL 源代码与布局布线后网表之间是一致的。

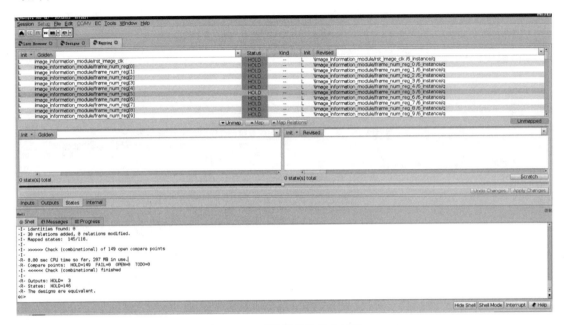

图 5-14　逻辑等效性检查结果

5.2.6　实物测试

实物测试指在真实环境中利用测试设备对被测软件的功能、性能、接口等进行测试，具体测试方法根据具体情况而定。

5.3　灰度图像信息采集 FPGA 逻辑问题报告单

问题报告单是软件测评最重要的测试产品，问题报告单中包含问题类型（文档问题、程序问题、设计问题、时序问题、其他问题）、问题级别、问题描述、委托方处理意见等。表 5-2 为问题报告实例。

问题标识			发现日期	报告日期	报告人
WD_001			2018－05－11	2018－05－11	李四
问题 性质	类别	程序错误☑	文档错误☐	设计错误☐	时序错误☐	其他错误☐
	级别	致命错误☐	严重错误☑	一般错误☐	轻微错误☐	改进建议☐

注：上表第二、三行为六列结构，对应如下。

问题 性质	类别	程序错误☑	文档错误☐	设计错误☐	时序错误☐	其他错误☐
	级别	致命错误☐	严重错误☑	一般错误☐	轻微错误☐	改进建议☐

测试用例名称及标识　图像信息 PCM 发送功能（IMAGE_PCM_TX_001）

问题描述：

在图像信号 PCM 发送帧结构中，累加和计算错误。

需求规格说明中要求累加和为：分辨率检测状态＋最大灰度＋最小灰度＋帧计数，取低 8 位；

程序实现累加和为：帧头＋分辨率检测状态＋最大灰度＋最小灰度＋帧计数，取低 8 位；

程序设计与需求不一致。

测试人员：李四 20180511

设计师意见（主要说明修改情况，如不修改请说明理由）：

更改程序，修改累加和程序为分辨率检测状态＋最大灰度＋最小灰度＋帧计数，取低 8 位。与需求保持一致。

签字	张三 20180518

上级设计师意见：

同意

签字	王五 20180518

图 5 - 15　问题报告实例

5.4　灰度图像信息采集 FPGA 逻辑回归验证

在接收到回归被测件后，测试人员须确认文档问题在新提交的文档中是否进行了正确修改，同时对回归被测件程序与首轮程序进行比对，确认回归被测件软件更改点，并进行软件更改影响域分析，确定回归测试范围（包括测试类型、测试用例等）。如果有新的需求点或者需求发生了变动，须增加相应测试用例或对测试用例进行修订，保证回归测试的充分性和全面性。

针对 5.3 中描述的问题进行回归影响域分析，其改动会影响图像信息 PCM 发送功能，且影响布局布线及逻辑资源使用。故在回归测试中，回归测试用例须包含图像信息 PCM 发送功能测试用例、时序测试用例、余量测试用例等。

5.5　灰度图像信息采集 FPGA 逻辑验证总结

在对灰度图像信息采集 FPGA 完成测试工作后，须对测试工作进行总结，完成灰度图像信息采集 FPGA 逻辑测试报告。在测试报告中，须描述测试工作，并对被测软件给出测试结果。

在测试工作方面，须描述以下几点。

1）描述测试范围（包含被测软件和文档）、测试过程（包含首轮和回归测试）、测试类型、测试方法及测试结果；

2）分析和评价测试充分性，任务书和需求规格说明中要求的可测需求均进行了充分性测试；

3）描述测试环境的有效性和差异性；

4）描述测试工作中问题的处理情况，包括问题描述及委托单位的答复处理意见；

5）总结测试计划和测试说明的变化情况及其原因；

6）在测试异常终止时，说明未能被测试活动充分覆盖的范围及其理由；

7）确定无法解决的测试事件，并说明不能解决的理由；

8）说明测试工作遗留问题可能造成的影响和风险。

在对被测软件进行评价时，须从以下几方面进行评价。

1）说明开发文档版本，并对开发文档质量进行评价；

2）说明被测软件版本，对被测软件的功能、性能、接口等方面进行评价；

3）说明被测软件的测试问题处理情况；

4）必要时，根据被测软件的设计和实现，并提出改进建议。

第 6 章 航天型号可编程逻辑器件软件验证经验

本章基于航天型号可编程逻辑器件多年的测试经验及总结，对 VHDL 和 Verilog 语言设计规则，安全性、可靠性设计方法，时序约束及典型时序优化方法和发现的典型缺陷展开论述。

6.1 VHDL 和 Verilog 语言设计规则

6.1.1 VHDL 和 Verilog 语言简介

6.1.1.1 VHDL 简介

VHDL，英文全称 Very – High – Speed Integrated Circuit Hardware Description Language，即超高速集成电路硬件描述语言。

VHDL 是一种用于电路设计的高级语言，诞生于 20 世纪 80 年代的初期。当时的美国国防部正在为如何延长硬件模块的使用寿命而头痛，因为很多功能模块都没有充分的文档说明，并且一个硬件系统中的众多组件都是单独验证的，而且往往使用的都是不同的仿真语言和不兼容的仿真环境。所以美国国防部迫切需要一种通用的、具有广泛描述能力和可以同时被多种仿真环境所支持的语言，并且这种语言还需要有较高的抽象级别，从而不会依赖底层硬件的工艺、技术和设计方法。于是，美国国防部在 1981 年开发出来一种专供美军用来提高设计可靠性和缩短开发周期的设计语言——VHDL。

此时的 VHDL 还是一种使用范围较小的语言，直到 1987 年年底，它才成为一种标准。VHDL 的标准化进程是独一无二的，早在成为标准的两年前，它就先推出了一个不完全版本的基本语言，这样就可以早早地得到业界的参与和反馈，并且基于 VHDL 的开发工具也可以提前开发出来。鉴于这些重要的前期准备，美国国防部于 1987 年正式将 VHDL 的所有权限移交给 IEEE（Institute of Electrical and Electronics Engineers，美国电气和电子工程师协会）。之后，VHDL 成为了一种 IEEE 标准，各 EDA 公司相继推出自己的 VHDL 设计环境，或宣布自己的设计工具可以和 VHDL 接口。与此同时，美国国防部还规定，他们只会采购生产环节中包含 VHDL 抽象描述这一步的 ASIC（Application Specific Integrated Circuit，专用集成电路）产品。

与所有的 IEEE 标准一样，VHDL 也必须至少 5 年修订一次，以确保其能够跟上时代的步伐，所以在 1993 年 9 月，IEEE 完成了对 VHDL 的第一次修订。此次修订从更高的抽象层次和系统描述能力上扩展了 VHDL 的内容，即 IEEE 标准的 1076—1993 版本，简称 93 版。这也是目前为止，针对 VHDL 所做的最广泛的一次修订。同时，93 版 VHDL 也成为目前业界支持最广泛的 VHDL。

此后，在 2000 年的修订中，VHDL 主要引入了保护类型；而 2002 年的修订，主要是做一些细微的修改；最近的一次修订是 2008 年，它相比于以往做了比较广泛的修改，但是也没有本质上的改变。

6.1.1.2　Verilog 简介

Verilog HDL，简称 Verilog。它的产生也可追溯到 20 世纪 80 年代。那时，一家叫做 Gateway 的设计自动化公司发明了一种在门级仿真方面非常高效的逻辑仿真工具——Verilog - XL，同时也发明了这种工具所对应的硬件描述语言——Verilog。据说，Verilog 的发明者是从当时流行的 HDL——Hilo 和传统的计算机程序设计语言——C 语言中得到灵感，然后提炼两者的精华后发明 Verilog 的。由于最初 Verilog 并不是一个标准语言，所以从 1984 年到 1990 年之间，都是 Gateway 自己不断地对 Verilog 进行反复的修订。

1989 年，由于业务需要，Cadence Design Systems 公司——全球最大的电子设计技术、程序方案服务和设计服务供应商——收购了 Gateway，因此也就成为了 Verilog 以及仿真器的新主人。此时的 Verilog 还是一种私有的语言。1990 年，Cadence 意识到如果继续这种状态，那么业界的所有机遇都会向 VHDL 倾斜。于是，Cadence 成立了名为 Open Verilog International 的组织，简称 OVI，并在 1991 年给出了 Verilog HDL 的相关文档，这被看做 Verilog 最终成为一种开放性语言的一个重要标志。

OVI 为 Verilog 的广泛应用做了大量贡献，包括不断地改进 Verilog 的使用手册，把 Verilog 说明书制作得尽可能不依赖于某一个固定的厂商等。不过 Cadence 很快意识到，如果市场中有很多公司都开始使用 Verilog，那么它们很可能会像以前的 Gateway 一样，为了自己使用的便利，不断地去修改 Verilog。如果这样下去，Verilog 将又变出无穷多个版本，从而缺乏通用性，这完全违背了 Cadence 的初衷。再加上此时，Verilog 作为一种硬件描述语言已经得到了比羽翼丰满的 VHDL 更多的拥护者。于是，OVI 请求 IEEE 成立一个专门的工作组来完成 Verilog 的标准化工作。因此，1993 年 10 月，IEEE 1364 工作组成立，并于 1994 年开始致力于将 OVI 的语言参考手册转化为一种 IEEE 标准。他们付出的努力终于在一年后得到了回报，1995 年 12 月，Verilog 正式成为 IEEE 家族的标准之一，即 IEEE Std. 1364—1995。

在 Cadence 筹建 OVI 之时，一些公司也开始了针对 Verilog 仿真器的开发工作。1993 年的时候，已经有了一些 Cadence 公司之外的 Verilog 仿真器，这其中最出名的就是 Verilog Compiled Simulator，简称 VCS。相对于解释型的 Verilog - XL 来说，VCS 是真的编译器，仿真速度要快很多。

Verilog 的一个重要的修订版本是 2001 年发布的 IEEE Std. 1364—2001，它修正了 1995 版的很多问题。最近的修订版本是 2005 年发布的，不过仅仅是进行了一些小修小补。

Verilog HDL 既是一种行为描述的语言，也是一种结构描述的语言。也就是说，无论描述电路功能行为的模块还是描述元器件或者较大部件互连的模块，都可以用 Verilog 语言来建立电路模型。如果按照一定的规则和风格编写，功能行为模块可以通过工具自动地转换为门级互连的结构模块。Verilog 模型可以是实际电路的不同级别的抽象。这些抽象的级别和它们所对应的模型类型共有以下 5 种，现分别给予简述。

　　• 系统级（System Level）：用语言提供的高级结构能够实现待设计模块的外部性能的模型。

　　• 算法级（Algorithm Level）：用语言提供的高级结构能够实现算法运行的模型。

　　• RTL 级（Register Transfer Level）：描述数据在寄存器之间的流动和如何处理、控制这些数据流动的模型。

　　以上三种都属于行为描述，只有 RTL 才与逻辑电路有明确的对应关系。

　　• 门级（Gate Level）：描述逻辑门以及逻辑门之间连接的模型。

　　• 开关级（Switch Level）：描述器件中三极管和存储节点以及它们之间的连接的模型。

　　一个复杂电路系统的完整 Verilog HDL 模型是由若干个 Verilog HDL 模块构成的，每一个模块又可以由若干个子模块构成。其中有些模块需要综合成具体电路，而有些模块只是与用户所设计的模块有交互联系的现存电路或激励信号源。利用 Verilog HDL 结构所提供的这种功能就可以构造一个模块间清晰的层次结构，以此来描述极其复杂的大型设计，并对所设计的逻辑电路进行严格的验证。

　　Verilog HDL 行为描述语言作为一种结构化和过程性的语言，其语法结构非常适于算法级和 RTL 的模型设计。这种行为描述语言具有以下功能：

　　• 可描述顺序执行或并行执行的程序结构；

　　• 用延迟表达式或者事件表达式来明确地控制过程的启动时间；

　　• 通过命名的事件来触发其他过程中的激活行为或停止行为；

　　• 提供了条件如 if - else，case 等循环程序结构；

　　• 提供了可带参数且非零延续时间的任务（task）程序结构；

　　• 提供了可定义新的操作符的函数结构（function）；

　　• 提供了用于建立表达式的算术运算符、逻辑运算符、位运算符。

　　Verilog HDL 作为一种结构化的语言非常适用于门级和开关级的模型设计。因其结构化的特点又使它具有以下特点：

　　• 提供了一套完整的表示组合逻辑的基本元件的原语（primitive）；

　　• 提供了双向通路（总线）和电阻器件的原语；

　　• 可建立 MOS 期间的电荷分享和电荷衰减动态模型。

　　Verilog HDL 的构造性语句可以精确地建立信号的模型。这是因为在 Verilog HDL 中，提供了延迟和输出强度的原语来建立精确度很高的信号模型。信号值可以有不同的强度，可以通过设计定宽范围的模糊值来降低不确定条件的影响。

　　Verilog 是根据 C 语言发明而来的，因此 Verilog 具备了 C 语言简洁易用的特点。Verilog 从 C 语言中借鉴了许多语法，例如预编译指令和一些高级编程语言结构等。

　　C 语言与 Verilog 的最大区别在于 C 语言缺乏硬件描述的 3 个基本概念。

　　• 互连（connectivity）：在硬件系统中，互连是一个非常重要的组成部分，而在 C 语言中，并没有直接可以用来表示模块间互连的变量；而 Verilog 的 wire 类型变量配合一些驱动结构能有效地描述线网的互连。

● 并发（concurrency）：C 语言天生是串行的，不能描述硬件之间的并发特性，C 语言编译后，其机器指令在 CPU 的高速缓冲队列中基本是顺序执行的；而 Verilog 可以有效地描述并行的硬件结构。

● 时间（time）：运行 C 程序时，没有一个严格的时间概念，程序运行时间的长短主要取决于处理器本身的性能；而 Verilog 本身定义了绝对和相对的时间度量，在仿真时可以通过时间度量与周期关系描述信号之间的时间关系。

Verilog 毕竟是硬件描述语言，它在抽象程度上比 C 语言要差一些，语法不如 C 语言灵活，在文件的输入与输出方面的功能也明显不如 C 语言。为了克服这些缺陷，Verilog 的设计者们发明了编程语言接口，也叫做 PLI。通过 PLI，可以在仿真器中实现 C 语言程序和 Verilog 程序间的互相通信，或者是在 Verilog 中调用 C 语言的函数库，从而大大地扩展了 Verilog 语言的灵活性和高层次抽象的能力。开发时，一方面硬件设计者使用 Verilog 进行硬件建模，另一方面验证工程师却常常使用 C 语言来编写测试向量，然后通用 Verilog 的编程语言接口（PLI）将 Verilog 和 C 联系起来。

6.1.2　VHDL 和 Verilog 语言设计规则介绍

6.1.2.1　声明定义类

（1）声明定义必须以字母开始

Verilog 和 C 语言类似，声明定义不能以数字开头，要以字母开头，同时不能使用连续的"_"命名，名字的结尾处不能使用"_"符号。另外，为了阅读方便，可以使用字母、数字、下划线组合。

示例 1：

```
moduletester(…);
…
wire 1sample;                    //违背
…
endmodule
```

示例 2：

```
moduletester (…);
…
wire sample1;                    //遵循
…
endmodule
```

示例 2 中 sample1 的命名采用字母加数字的组合，在大型的设计中便于理解和阅读。

（2）声明定义不能使用关键字的名字

在声明定义的时候，定义的名字中不能含有 Verilog、VHDL 等使用的关键字，例如"VDD""VSS""GND""NET""ATTRIBUTE"等，无论是大写字母还是小写字母，都不可以出现。

（3）顶层输入信号不能悬空

文件顶层输入的信号悬空分为三种情况。第一种是该输入引脚未被使用，这种情况一般是看做多余物，删除即可；第二种情况是该输入引脚输入的信号不影响该模块的输出，也就是说虽然使用了该输入引脚，但是没有使用根据该引脚产生的信号，这种情况下，悬空的引脚会受到外界不确定的因素影响，使其电平发生变化，导致内部根据该输入信号产生的信号不稳定，会影响电路的稳定性，一般需要修改电路代码；第三种情况是输入信号会影响该模块的输出，就是说正常使用的端口，这种情况下外界不确定因素导致该端口电平变化，使得电路不稳定。

（4）Verilog 中参数定义用 parameter 不用 localparam（Verilog）

在参数化定义的时候，尽量使用 parameter 来定义，因为使用 parameter 定义的参数，在顶层例化中是可以被重新定义的，使用 parameter 方便了代码的复用，而使用 localparam 来定义的参数，顶层例化时不能够重新修改，定义比较固定，如果该参数有所变化，修改起来会比较麻烦。

（5）信号、变量定义时必须设置位宽（VHDL）

entity tester is port （……）；

signalS_i : std_logic_vector（ 1 downto 0）；

……

S_i ＜ ＝"01"；

……

endtester；

若不设置位宽，则默认 32 位的位宽，会浪费芯片内部资源。

（6）尽量避免使用字母的大小写来区分命名

使用 VHDL 命名定义的时候，不能使用字母的大小写来区分命名，因为 VHDL 不区分大小写。当然，即使 Verilog 区分大小写，为了保证程序的可读性和可维护性，仍然建议不要使用大小写来区分信号。

6.1.2.2　时钟类

（1）禁止使用行波时钟

所谓的行波时钟就是指上一级的寄存器输出作为下一级的寄存器的时钟引脚输入，FPGA 设计时，如果使用行波时钟这种设计结构可能会产生严重的时钟偏斜，产生跨时钟域的问题，最坏的情况下会不满足建立、保持时间，严重降低电路运行的时钟速率，如果非要使用这种电路结构，可以在上一级寄存器和下一级寄存器之间插入全局布线资源 BUFG，尽量减少时钟偏斜。

示例 1：

```
module top(…clk,in1,in2,out);
…
input clk;
input in1,in2;
output reg out;
…
reg temp;
always@(posedge clk)
    temp <= in1;


always@(posedge temp)          //违背
    out <= in2;


endmodule
```

示例 2：

```
module top(…clk,in1,in2,out);
…
input clk;
input in1,in2;
output reg out;
…
reg temp;
wire clk_temp;

always@(posedge clk)
    temp <= in1;

BUFG inclk_temp(.I(temp),.O(clk_temp));

always@(posedge clk_temp)          //遵循
    out <= in2;


endmodule
```

（2）禁止使用组合逻辑生成的时钟

使用组合逻辑生成的时钟会引起设计中的功能和时限问题。由组合逻辑产生时钟会引入毛刺，造成功能问题，而且引入的延迟也会导致时限问题，如图 6 - 1 所示。

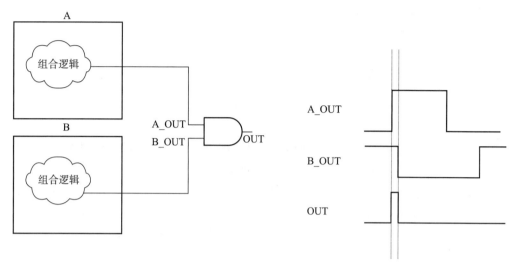

图 6 - 1　组合逻辑产生时钟示意图

如果使用组合逻辑的输出作为时钟信号或者作为异步复位信号，就会引入毛刺的问题。在同步设计中，寄存器的数据输入端带有毛刺是很正常的，并且不会给设计带来影响，但是如果寄存器的时钟输入端（或寄存器异步输入端）出现毛刺就会引起严重的后果。窄毛刺可能违反了寄存器最小脉冲宽度的要求；如果当毛刺到达寄存器时钟输入端时寄存器的输入数据正在发生变化，那么也将无法满足建立时间和保持时间的要求；即使设计没有违反时限需求，组合逻辑输入的时钟信号（或者异步复位信号）也会使寄存器数值发生意想不到的变化，导致设计功能不正常。

由于存在这些问题，如果这种结构设计是必需的，那么可以在组合逻辑输出后增加一级寄存器，然后再用作时钟信号或者异步复位信号，增加的这一级寄存器会过滤掉组合逻辑产生的毛刺，会大大增加设计的安全性。尽管如此，增加的寄存器还有组合逻辑本身就有时延，会造成很大的时钟偏斜，严重的会不满足时钟的建立、保持时间，因此，要利用 FPGA 芯片上全局布线的资源，例如 Xilinx 提供的 BUFG，这样能够最大限度地减小时钟偏斜。

（3）避免使用门控时钟

门控时钟（如图 6 - 2 所示）的意图是通过组合逻辑，控制、禁止或允许时钟输入到寄存器和其他同步元件上。因为它能够有效地降低功耗，所以被广泛地应用于 ASIC 设计中。但是，它不符合同步设计的思想，可能会影响系统设计的实现和验证，所以在 FPGA 设计中应该避免使用门控时钟。

因为 ASIC 和 FPGA 两者结构设计上的区别，两者对待门控时钟的态度是不一样的。在 FPGA 设计中，时钟信号有专用的路径资源，可以确保将时钟低偏斜传输到相当大的电

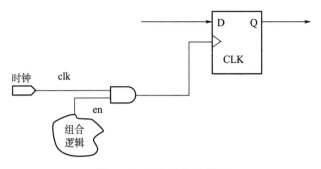

图 6 - 2　门控时钟示意图

路区域。如果使用门控时钟对时钟进行门控，那么时钟经过门控可能会迫使使用正常的逻辑资源，这可能导致严重的传输延时以及在时钟路径上添加严重的时钟偏斜。而在设计 ASIC 时却不同，设计者可以完全控制门延时和线延时。可以创建一个门控时钟，并确保门控时钟信号正确分布，这是一种常见的降低功耗的技术。

```
module top(…en,clk,rstn,out,in);
input clk,rstn,in,en;
output reg out;
…
wire ce;
assign ce = clk & en;
always@(posedge ce or negedge rstn) //违背
    if(! rstn)
        out <= 1'b0;
    else
        out <= in;
…
endmodule
```

在设计 FPGA 时如果遇到这种结构可以采用以下的设计方法：

```
module top(…en,clk,rstn,out,in);
input clk,rstn,in,en;
output reg out;
…
wire ce;
assign ce = clk & en;
always@(posedge clk or negedge rstn)
    if(! rstn)
        out <= 1'b0;
```

```
    else if(ce)

        out <= in;
...

endmodule
```

就是将原来用作时钟的 ce 信号改为使能信号，这样就不会给电路引入毛刺的影响。

（4）禁止时钟信号再汇聚

避免时钟信号再汇聚（如图 6 - 3 所示），即时钟信号经过不同路径后进行组合逻辑处理产生一个信号作为时钟信号，再汇聚路径易导致时钟路径上发生时序冲突。

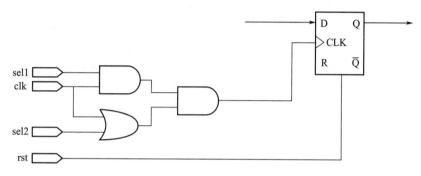

图 6 - 3　时钟信号汇聚示意图

图 6 - 3 中，时钟信号 clk 与信号 sel1 经过与门产生的信号 clk1 为路径 1 方式，时钟信号 clk 与逻辑信号 sel2 经过或门产生的信号 clk2 为路径 2 方式，时钟经过两个不同的路径的延时不同，两路径的信号经过组合逻辑与门产生的信号 clk _ sel 即为初始的时钟信号 clk 再汇聚形成，此时使用的再汇聚信号已偏离初始时钟信号 clk 的时序，更有可能产生毛刺，若再作为触发器的时钟信号使用，会影响触发器数据输出的稳定性，造成时序逻辑的不稳定。

（5）对跨时钟域信号应采取同步处理措施

由于 FPGA 实现的功能日渐复杂和多样化，因此需要用到多个不同的时钟信号，若要判断组合逻辑的输出的归属，则需要判断其所有的输入都来自同一个时钟域的寄存器的输出，此时组合逻辑的输出变化频率会随着该时钟变化，属于该时钟域；相反，则存在异步或者跨时钟域问题。只要 FPGA 设计中所有的资源不全属于同一个时钟域，那么就存在跨时钟域问题，跨时钟域问题发生的必要条件是不同时钟域之间存在信息交互。在一个多时钟域的设计中，跨时钟域基本是无法避免的，否则若各个时钟域互不相关，那么意味着将原设计分解成若干个单独小设计，无法通过协作完成功能的扩展。当信号发生跨时钟域传输时，容易发生时钟采样数据时不满足建立时间和保持时间要求的情况，出现亚稳态现象。

实际使用中，FPGA 内部的工作电源一般为 1.5 V，对数字电路来说意味着，理想状态下，逻辑 1 对应电压 1.5 V，逻辑 0 对应电压 0 V。但现实使用时，一般认为 0.5 V 以上可以判断为逻辑 1，反之则判断为逻辑 0，而触发器能够正确输出结果的前提是输入信号能够满足建立时间和保持时间要求，因为在该时间段内，数字电路能够有充分的时间进行充放电，从而使输出的逻辑 1 更接近 1.5 V，逻辑 0 更接近 0 V。此时若要驱动后级触发器，那么在规定时间内能够进行充分的充放电，会使驱动能力更强，输出的数据更稳定。而在发生跨时钟域的状态下，由于不满足建立、保持时间，触发器的充放电操作不充分，第一级寄存器输出的信号处于亚稳态，若电压为 0.6 V，虽能勉强认为是逻辑 1，但该信号去驱动下级寄存器时，扇出能力会较差，传递到下层模块使用时，输出的电压可能会变为 0.4 V、0.5 V 等，此时不同的触发器可能会将逻辑 1 认为是逻辑 0，这样传输过程中就会产生错误。

为避免因为跨时钟域产生的亚稳态问题，一般采用两级采样的方法进行处理。当一级寄存器输出的电压为 0.6 V 亚稳态时，此时的亚稳态信号与时钟信号已是同一时钟域，再进行第二次采样时，一定满足寄存器的建立、保持时间要求，此时充放电完成得充分，二级寄存器的输出电压稳定，能够达到健壮的物理电压要求，之后再使用二级寄存器的输出去驱动其他寄存器时，其扇出能力就不会出现问题。

图 6-4 描述的即为双采样处理的具体实现方式，对输入到时钟域 B 中的跨时钟域信号 DATA_B，使用时钟信号 B 对 DATA_B 连续两次采样，采样结果在时钟域 B 中使用。

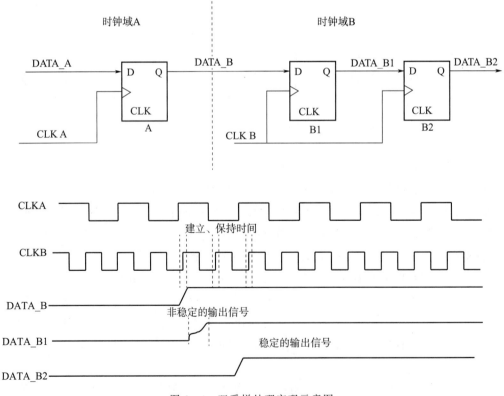

图 6-4 双采样处理实现示意图

如果对发生亚稳态现象的信号进行使用和采样时，可能得到非正确结果，引起信号传输错误，因此在对跨时钟域传输的信号进行使用前应消除亚稳态现象对 FPGA 的不良影响。

（6）避免在时钟路径上插入反相器或缓存器

在时钟路径上插入反相器或缓存器会增加时钟信号的偏移［时钟偏移（skew）是指一个时钟信号到达两个不同时序器件时，到达时间不一样，其产生原因在于两个时钟传输的路径延时不同］，引起时序错误，并使时序余量变小，因此应避免在时钟路径上插入反相器或缓存器。

（7）全局时钟应使用全局时钟布线资源

时钟资源的工作原理如图 6 - 5 所示。

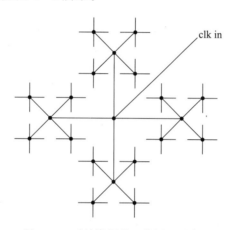

图 6 - 5　时钟资源的工作原理示意图

时钟信号由根节点引入，经一级缓存扇出若干个分别送往不同的区域，在各区域中使用同样的方式继续扇出并送往不同的子区域，依此逐层扇出，直到达到最底层的触发器资源等。时钟信号使用多级扇出达到高扇出的方式，最后通过控制每级扇出后的布线长度来控制时钟信号，使之能够尽可能同时到达各个触发器。

FPGA 内部的时钟资源分为三种：全局时钟资源、区域时钟资源和 IO 时钟资源。全局时钟网络资源作用的范围覆盖整个 FPGA 芯片，它能保证其上所承载的时钟信号到达 FPGA 芯片上任意两个地方的延迟时间偏差最小，从而保证大型的 FPGA 设计能够被高速的时钟信号正确驱动。区域时钟网络能够覆盖的范围是 FPGA 内部划分的各自区域，其至还包括与本区域相邻的区域。区域时钟网络能够保证其上所承载的时钟信号到达 FPGA 芯片上该时钟网络作用域中任意两个地方的时间偏差最小。IO 时钟网络资源主要用来完成接口信号的承载工作，因内部时钟网络资源作用范围广，一般不承载高频时钟信号，而有些通信接口中的速率高，超出内部时钟网络的承受范围，且因 IO 时钟网络的布局布线已经固定，能够保证外部的高速信号到达寄存器的延迟最短，因此须使用专有的 IO 时钟网络资源。

对于全局时钟，作用范围覆盖整片 FPGA，因此需使用全局时钟网络资源来达到时钟信号到达 FPGA 芯片上任意两个地方的延迟时间偏差最小的要求。此外，由于器件可提供的全局时钟输入管脚的数目是有限的，并且不同的器件之间也有一定的差别，因此在设计开始的器件选型阶段，应将全局时钟输入管脚的数目作为重要的选型标准，降低设计难度，提高设计的可靠性。

对于全局时钟使用全局时钟网络的方法有两种。第一种为通过正确的物理连接，在 FPGA 芯片的外围管脚中，有一些专门为全局时钟设计的管脚，直接将外部输入的时钟信号通过该管脚接入 FPGA 内部就可以自动占有全局时钟树资源。第二种为使用代码描述，Xilinx 公司的 FPGA 使用原语 BUFG，而 Altera 公司使用原语 global，不同公司使用的原语不同，编译器均可以为外部输入的时钟信号分配全局时钟网络。

6.1.2.3　复位类

在 FPGA 设计中，通常有三种复位方式：同步复位、异步复位、异步复位同步释放。同步复位就是复位信号只有在时钟上升沿到来时才有效，在除时钟上升沿之外的时间里到来，则不会完成复位的操作。异步复位就是在任何时候复位信号到来都可以执行复位操作，不需要与工作时钟同步。同步复位与异步复位的区别见表 6 - 1。

表 6 - 1　同步复位与异步复位的区别

	同步复位	异步复位
特点	复位信号只有在时钟上升沿到来时才有效	无论时钟沿是否到来，只要复位信号有效，就进行复位
优点	1）利于仿真器仿真； 2）因为只有在时钟有效电平到来时才有效，所以可以滤除高于时钟频率的毛刺； 3）可以使所设计的系统成为 100% 的同步时序电路，有利于时序分析	1）设计相对简单； 2）因为大多数目标器件库的 DFF 都有异步复位端口，因此采用异步复位可以节省资源； 3）异步复位信号识别方便，而且可以很方便地使用 FPGA 的全局复位端口 GSR
缺点	1）复位信号的有效时长必须大于时钟周期，才能真正被系统识别并完成复位任务； 2）由于大多数的逻辑器件的目标库内的 DFF（D 触发器）都只有异步复位端口，所以，若采用同步复位，综合器就会在寄存器的数据输入端口插入组合逻辑，从而耗费较多的逻辑资源	1）复位信号容易受到毛刺的影响； 2）在复位信号释放（release）的时候容易出现问题，即复位释放刚好在时钟有效沿附近时，容易使寄存器的输出出现亚稳态

（1）禁止将异步置位/复位信号连接到非置位/复位端

异步置位/复位信号，顾名思义就是该信号不与器件工作时钟同步；而非异步置位/复位端，顾名思义就是该信号输入端要求输入信号与器件工作时钟同步，如果输入了异步复位/置位信号，则在异步复位/置位信号释放（release）的时候容易出现问题。具体地说，若复位释放时恰恰在时钟有效沿附近，就很容易出现亚稳态，使电路不稳定，而且很容易受到毛刺的影响，也就是说，在时钟有效沿附近恰好出现毛刺，严重的时候就会被认成复位信号翻转，影响电路功能。

（2）禁止使用带有竞争冒险情况的组合逻辑输出作为复位信号

使用组合逻辑输出的信号作为复位信号时，组合逻辑输出如果存在竞争冒险情况，复位信号容易出现亚稳态，导致电路不能正常复位或者正常工作，使电路不稳定。

示例：

```
module top(clk,rstn0,rstn1,out);
…
input clk,rstn0,rstn1;
output   reg out;
…
always@(posedge clk)
if(rstn0 and rstn1)
out <= 0;
…
endmodule
```

（3）异步复位释放时应采用同步释放的方式

在异步复位释放时应采用同步释放的方式，避免异步复位释放时的亚稳态。由于复位信号与时钟关系不确定，如果异步复位信号在触发器时钟有效沿附近"释放"（复位信号从有效变为无效），可能会导致触发器输出的亚稳态，从而影响设计的可靠性。在异步复位释放时应采用同步释放的方式，避免异步复位释放时的亚稳态。

如图 6-6 所示，在异步复位中，$t_{recovery}$ 是指原本有效的复位信号释放（对低电平有效的复位信号而言就是上升沿）与紧跟其后的第一个时钟有效沿之间所必需的最小时间。$t_{removal}$ 是指时钟有效沿与紧跟其后的原本有效的异步复位信号变得无效之间所必须的最小时间。如果复位信号的上升沿（假设复位信号低电平有效）落在 $t_{recovery}$ 和 $t_{removal}$ 之间，则触发器的输出端的值将是不确定的，在这段时间里 Q 端会出现亚稳态。

从 clk 的上升沿经过 t_{clk-q} 时间后，Q 开始输出亚稳态，并且在未知的时间（$t_{resolution}$）后 Q 的输出会固定在高电平或低电平，与输入信号没有必然的联系。这种异步复位信号在触发器时钟有效沿附近"释放"的方法，就可能造成触发器输出亚稳态的情况。

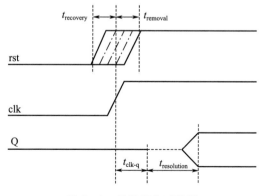

图 6-6　异步复位时序图

6.1.2.4　锁存器

（1）禁止出现含有锁存器的组合逻辑电路

锁存器有一个数据输入端、一个使能输入端和一个输出端，在使能输入端有效期间，数据端的输入输出直接连通，这时如果输入的数据信号有毛刺产生，则会把毛刺信号传递到输出端口，输出信号同样会有毛刺，即对信号滤毛刺能力比较差，如图 6-7 所示。

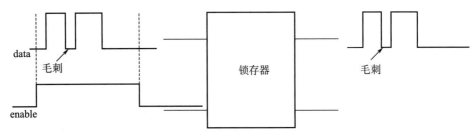

图 6-7　锁存器示意图

使用寄存器就不会出现上述问题，如图 6-8 所示。

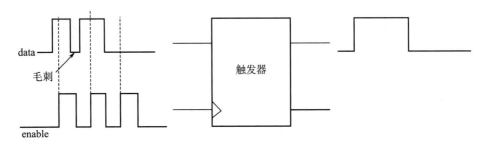

图 6-8　触发器示意图

使用寄存器在很大程度上会过滤掉输入信号中带有的毛刺。

（2）禁止使用基本逻辑门来描述锁存器

示例：

```verilog
module top(…in0,in1,en,out);
    input in0,in1,en;
    output reg out;
…
wire temp;
assign temp = ! (in0&in1&out);
always@(en or temp)
    if(en)
        out <= temp;
    else
        out <= out;
```

```
endmodule
```

这段代码在 Quartus Ⅱ软件中综合的结果如图 6-9 所示。

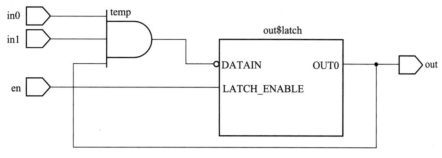

图 6-9　综合结果图

6.1.2.5　三态缓冲器

禁止组合逻辑电路的输出作为三态缓冲器的使能端。

对于三态缓冲器来说，它的使能端很重要，当使能端有效的时候输出为高阻态，当使能端无效时输入和输出连通，也就是说三态缓冲器对输入的使能信号的电平敏感；而组合逻辑产生的输出信号很容易受到竞争冒险、外部干扰的影响产生尖峰毛刺，毛刺的出现就会导致三态缓冲器出现误操作，影响电路的功能、性能。

6.1.2.6　运算符

关系操作符左右的数据位宽必须一致。

在综合 Verilog HDL 代码关系操作符时，应先补齐位宽，而且是将运算符右边的数据位宽以左边的数据位宽为基准进行补齐，超过则高位截断，不够则高位补 "0"。

因此，如果关系操作符左右的位宽不一致，左边的比右边的数据位宽宽对电路功能没有什么影响，但是如果左边的数据位宽比右边的小，就会出现将右边数据的高位截断之后再比较，这样就会影响比较的结果，影响电路功能的实现。

6.1.2.7　循环语句类

用于控制循环终止条件的参数必须为常量，且禁止改变循环变量。

为了保证循环语句的正常运行和条件终止，在 for 或者 while 循环语句中相应的参数应为常量，且不允许改变循环变量。另外，不允许在 for 语句中对循环变量之外的变量进行算术运算，while 语句条件表达式不应为常量。

示例：

```
……
SUM:for i in 1 to 3 loop    //用于控制循环终止条件的参数为常量
sum = sum + i;
end loop SUM;
……
```

6.1.2.8　分支语句类

（1）case 语句表达式不应为固定常量

为了保证 case 语句能够有效地执行，case 语句表达式不应为固定常量，如果条件表达式为常量则其余分支多余，使得程序中存在多余代码。

（2）case 语句的分支不应使用变量或者变量表达式

case 语句的分支不应使用变量或者变量表达式，且所有分支须在表达式的范围内，数据位宽应保持一致。

示例：

```
case（Sig）is
when "01"：b＝a；
when "10"：b＝a＋1；
when "Sig1＋Sig2"：Vb＝1；//使用了变量或者变量表达式作为 case 语句的分支
……
endcase
```

（3）case 语句应包含一个 when others 分支或者 default 语句

case 语句应包含一个 when others 分支（VHDL）或者 default 语句（Verilog），否则可能会综合成锁存器。case 语句在设计实现时一般为组合逻辑，如果分支不完整，缺少 when others 或 default 分支，将可能导致生成锁存器；另外，在进行覆盖率统计时，分支覆盖率无法满足要求。

（4）组合逻辑中 if 语句中应包含 else 分支

类似于 case 语句，在组合逻辑中，if 语句若缺少 else 分支会出现锁存器，因此组合逻辑中 if 语句中应包含 else 分支。

6.1.2.9　结构说明类

（1）禁止组合逻辑模块的输出信号再重入，即不允许出现反馈环

为了保证可编程逻辑器件软件设计的可靠性，设计中禁止出现组合逻辑反馈环，当出现组合逻辑反馈环时，由于竞争冒险的存在，容易成为电路中毛刺的来源，对电路的可靠性带来影响。

模块的输出信号经缓冲器或反相器直接连接至同一模块的输入端口，或者模块的输出信号经"与"门/"或"门间接连接至同一模块的输入端口，这种设计方式会产生组合逻辑反馈环，此结构的输入端有任何变化都有可能使输出值立刻改变，此时就会导致毛刺的产生，引起时序的严重混乱。

如图 6 - 10 所示的组合逻辑电路，其输出经反相器形成反馈环，这样在输出端口 out 上就可能会产生 0→1→0 周期性的振荡信号，成为电路中的毛刺来源，严重影响电路的稳定性。因此设计时应尽量避免组合逻辑模块的输出信号再重入。

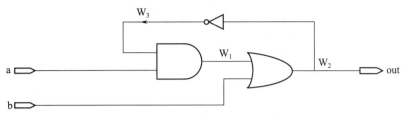

图 6-10　组合逻辑反馈示意图

（2）设计中注意锁存器的使用

设计中应避免产生非预期的锁存器，由于锁存器是电平触发，易受毛刺干扰，因此 FPGA 设计中应避免产生非预期的锁存器。类似下面的语句易产生非预期的锁存器，应尽量避免使用：

```
data_reg< = data when enable = '1' else data_reg
```

（3）注意 function 语句和 task 语句的使用（Verilog）

设计中若调用了 function 或者 task，则注意二者的使用情况。在使用 function 时，尽量不要使用非阻塞赋值，返回值的位宽与输入信号的位宽须保持一致。在使用 task 时，尽量不要使用时序控制语句，输入信号的位宽与输出信号的位宽必须一致。另外，不要在 function 语句或者 task 语句中对全局信号进行赋值。

6.1.2.10　赋值运算类

（1）信号在使用前应进行赋值

在 FPGA 芯片上电工作时，FPGA 设计到底是处于一个什么样的状态，有时候是无法确定的。因为有些厂商的 FPGA 芯片，其触发器、Block RAM 等记忆性单元，上电时默认为逻辑 0；而另一些厂商的 FPGA 芯片，其触发器、Block RAM 等记忆性单元，上电时默认为逻辑 1；甚至还有些厂商的 FPGA 芯片，其触发器、Block RAM 等记忆性单元，上电时默认的逻辑电平根本就不统一。由于时序逻辑的运算结果很多时候和当前存储单元中存储的数值是有关的，所以这类信号在使用前未赋值，很可能造成设计在不同芯片上运行的结果是不同的，所以，信号在使用前要赋值，以保证其使用时具有确定的状态。

（2）赋值操作时应保证信号位宽的一致性

在可编程逻辑器件软件设计时，模块端口的数据位宽与例化时的信号的数据位宽需要一致，当然赋值语句、比较语句、运算语句左右信号或参数长度须保持一致。

（3）注意阻塞赋值和非阻塞赋值的区别和使用（Verilog）

阻塞赋值由符号“＝”完成。“阻塞赋值”由其赋值操作行为而得名，“阻塞”即在当前的赋值完成前阻塞其他类型的赋值任务。非阻塞赋值由符号“＜＝”来完成。“非阻塞赋值”也由其赋值操作行为而得名；在一个时间步（time step）的开始计算右端表达式的值，并在这个时间步结束时用等式右边的值取代左端表达式。在计算右端表达式和更新左端表达式的中间时间段，其他对左端表达式的非阻塞赋值可以被执行。即“非阻塞赋值”从计算右端开始并不阻碍执行其他的赋值任务。

因此在使用时，一般情况下组合电路使用阻塞赋值，不使用非阻塞赋值的方式；时序电路使用非阻塞赋值，不使用阻塞赋值。而且，两种赋值方式不可混用。

（4）注意信号和变量的区别和使用（VHDL）

VHDL 中，变量主要用于对暂时数据进行局部存储。信号是实体间动态交换数据的手段，用信号对象可以把实体连接在一起形成模块，在物理上它对应着硬件设计中的一条硬件连接线。变量只能在进程语句、函数语句和子程序结构中使用，它是一个局部量。变量的赋值是立即生效的，信号是电路内部硬件连接的抽象，信号的赋值在进程结束后才生效。信号的赋值与顺序无关，变量赋值与顺序有关。如果在一个进程中对信号赋多次值，只有最后的值有效；变量的赋值立即生效，在赋新值前保持原来的值。

6.1.2.11　敏感列表类

进程中敏感信号列表应完整正确，不存在多余或缺失的情况。

应保证进程中的敏感列表完整，避免敏感信号多余或缺失。进程的敏感列表不完整或多余会导致仿真和综合后实现不一致，甚至功能实现错误。同时，应保证进程中的敏感列表正确，组合逻辑敏感信号列表一般应包括所有影响进程输出的信号，时序逻辑敏感信号列表一般仅包括时钟和复位信号。

6.1.2.12　综合相关类

（1）在用于综合的代码中避免使用不可综合的对象

无法综合的对象一般用于仿真或测试过程中，这种代码可以用于仿真，但是无法被综合工具综合为实际电路，所以使用不可综合的代码会导致仿真和综合的不一致，导致仿真验证无法真实反映电路的实际输出，降低了测试的有效性。应避免在用于综合的代码中使用不可综合的对象。

（2）将关键路径和非关键路径、组合逻辑和时序逻辑划分为不同模块

FPGA 综合时，综合工具无法在同一模块中实现不同的综合策略，所以应该将关键路径和非关键路径划分在不同模块，这样可以保证编译器对关键路径模块实现速度优化而对非关键路径模块实施面积优化。同样，应该将组合逻辑和时序逻辑放在不同模块。

6.1.2.13　状态机

（1）状态机必须初始化为合法状态

状态机初始状态不确定时，会导致状态机无法正常运转。系统初始化时一定要保证状态机处于合法的初始状态，所以应使用全局主复位信号强迫状态机进入已知的合法状态。

（2）对状态机中的无效状态必须进行适当处理

对于状态机中无效的状态必须进行适当的处理，否则一旦由于某种原因进入了无效状态，则会导致状态机死锁。由于有可能存在一些状态对于系统而言是非法的或无关的，在状态机设计时应充分考虑各种可能出现的状态，以及一旦进入非法状态后可以强迫状态机在下一个时钟周期内进入合法状态（一般为初始状态）。

（3）状态机在综合时应对综合属性进行适当的设置

在状态机综合时，应该适当设置综合属性，确保状态机综合后包含对无效状态的处理。对于状态机中的无效状态的处理一般是在 when others 或 default 语句中实现的，很多设计人员认为在 RTL 代码中对状态机的无效状态进行了处理，在综合时使用综合器的默认设置就没有问题了，但是综合器默认的设置一般是不会将状态机自动补全的，这会导致在 when others 或 default 语句中实现的功能有时在实际综合后不会实现。由于在功能仿真时其仿真结果还是正确的，因此这种问题很难在调试时发现，只有在后仿真时，通过人工注入异常才能发现。

6.1.2.14　编码规则类

非"SRAM"型 FPGA，必须对寄存器进行上电初始化。

目前，市场上大概有三种基本的 FPGA 编程技术，包括 SRAM 型 FPGA、反熔丝型 FPGA 和 Flash 型 FPGA。其中，SRAM 型 FPGA 是迄今为止应用范围最广的架构，主要因为它速度快且具有可重编程能力，而反熔丝型 FPGA 只具有一次可编程能力。基于 Flash 的 FPGA 是 FPGA 领域比较新的技术，也能提供可重编程功能。

SRAM 型 FPGA 在市面上最常见，它具有断电易失性，所以该型 FPGA 在上电配置好 FPGA 之后需要定时刷新 SRAM 中存储的数据才能保证 FPGA 正常工作，如果断电，则所有配置 FPGA 的数据都会消失，而且内部的所有寄存器都会释放所有的储存信息而变成"0"；之所以该型 FPGA 每次上电都可以工作是因为有 Flash 存储着配置文件，FPGA 每次上电都会从 Flash 中读取配置文件。

而非 SRAM 型 FPGA 则必须对寄存器进行上电初始化。因为 Flash 型 FPGA 和反熔丝型 FPGA 都具有断电非易失性，只要将配置文件配置到 FPGA 中，无论上电还是断电都不会把配置文件丢失，换句话说就是 FPGA 在工作的时候内部寄存器存储的数值跟工作状态有关，可能为"0"也可能为"1"，当断电时该寄存器同样会存储数值，不会失去。因此在上电时如果不进行上电初始化，则容易使某些寄存器的初始值不确定或者初始值为"1"，因此，这种类型的 FPGA 在上电时必须进行上电初始化。

6.2　安全性、可靠性设计方法

FPGA 设计的可靠性和安全性是系统的一个重要指标。随着电子技术的不断发展，FPGA 技术深入应用到航空、航天、地面交通等领域，与此同时，广泛的应用也对可靠性和安全性提出巨大的挑战，应根据关键等级，从系统、硬件和软件等方面在开发各阶段对影响 FPGA 安全性与可靠性的因素进行分析，开展安全性和可靠性相关设计条目的整理、综合、解释，并开展验证，确保为 FPGA 的安全性和可靠性设计提供参考借鉴。

6.2.1　速度与面积设计

速度是指整个工程设计稳定运行所能达到的最高时钟频率，与建立时间、保持时间和

Clock - to - Output 延时等密切相关。时钟是整个电路最重要、最特殊的信号，系统内大部分器件的动作都是在时钟的跳变沿上进行，这就要求时钟信号时延差要非常小，否则就可能造成时序逻辑状态出错；因而明确 FPGA 设计中决定系统时钟的因素，尽量减小时钟的延时对保证设计的稳定性有非常重要的意义。

面积即逻辑资源，对于 FPGA 而言面积由 FF 或 LUT 数量、等效门数量来衡量，对于 CPLD 而言面积由宏单元衡量，FPGA/CPLD 都可以用逻辑门硬件数量来衡量消耗逻辑资源数量。速度与面积是矛盾统一体，速度换面积的关键是高速基本单元的复用；面积换速度一般采用并行处理技术。以 Quartus Ⅱ 软件为例，速度与面积优先级的设置选项如图 6 - 11 所示。

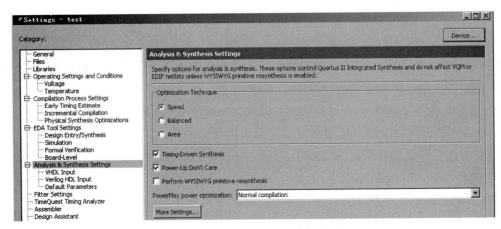

图 6 - 11　Quartus Ⅱ 软件设置速度与面积优先级的选项

面积和速度平衡与互换的原则：如果时序要求很高，普通方法达不到，可以通过将数据流串并转换，并行复制多个操作模块；对整个设计，如果时序余量较大，所能跑的频率远远高于设计要求，可以采用复用减小芯片面积，如采取"乒乓操作"和" 串并转换"的思想进行处理。

6.2.2　状态机设计

在状态机编码方式设计方面，对于 CPLD，触发器资源较少，组合电路资源丰富，建议使用 binary 和 gray - code，对于 FPGA，建议使用 one - hot code。这样不但充分利用 FPGA 丰富的触发器资源，还因为只需比较一个 bit，速度快且组合电路简单。以 Quartus Ⅱ 软件为例，状态机编码设置选项如图 6 - 12 所示，在实际设计中，为提高安全性、可靠性建议选择 one - hot code。

状态机安全性设计是指 FSM 不会进入死循环，特别是不会进入非预知的状态，而且由于某些扰动进入非设计状态，也能很快地恢复到正常的状态循环。这里面有两层含义：其一要求该 FSM 的综合实现结果无毛刺等异常扰动；其二要求 FSM 要完备，即使受到异常扰动进入非设计状态，也能很快恢复到正常状态。以 Quartus Ⅱ 软件为例，安全状态机设置选项如图 6 - 13 所示。

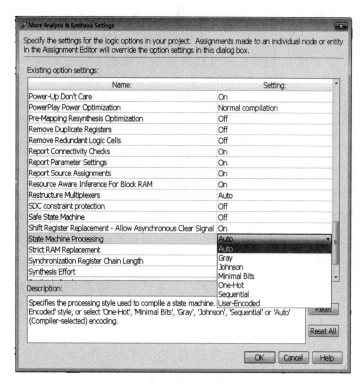

图 6-12　状态机编码设置选项

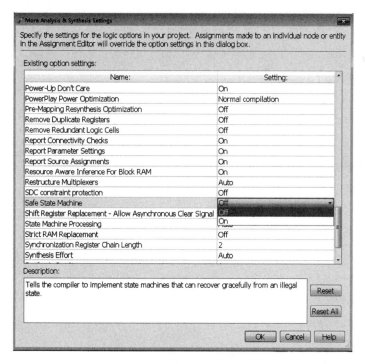

图 6-13　安全状态机设置选项

状态使用时尽量使用三段式，虽然代码结构比其他状态机复杂一些，但是该结构的 FSM 做到了同步寄存器输出，消除了组合逻辑输出的不稳定与毛刺的隐患，而且更利于时序路径分组，一般来说在 FPGA/CPLD 等可编程逻辑器件上的综合与布局布线效果更佳。

好的状态机标准很多，最重要的几个方面如下：

1）状态机要安全，在设计软件中要求使能安全状态机设置选项。

2）状态机的设计要满足设计的面积与速度的要求。

3）状态机的设计要清晰易懂、易维护。

状态机描述方法：状态机描述的关键是要描述清楚几个状态机的要素，即如何进行状态转移，每个状态的输出是什么，状态转移的条件等。具体描述时可采用多种方法，最常见的有三种描述方式。

（1）一段式状态机

整个状态机写到一个 always 模块里面，在该模块中既描述状态转移，又描述状态的输入和输出。

示例：

```
//一个进程
always @ (posedge clk or negedge rst_n)    //异步复位
    if ( ! rst _ n) begin
        dataout <= 0;
        state <= state0;    //要初始化,使得系统复位后能进入正确的状态
    else case (state)
        state0: if (datain1) begin
            dataout <= x;
            state <= state1;
        end
        else if (datain2) begin
            dataout <= x;
            state <= state1;
        end
        ......
        state11: if (datain1) begin
            dataout <= x;
            state <= state2;
        end
        else if (datain2) begin
            dataout <= x;
```

```
                state <= state3 ;
            end
              ……
          ……
        default : state <= state0 ;    //默认状态
    endcase
```

（2）二段式状态机

用两个 always 模块来描述状态机，其中一个 always 模块采用同步时序描述状态转移；另一个模块采用组合逻辑判断状态转移条件，描述状态转移规律以及输出。

示例：

//第一个进程，同步时序 always 模块，格式化描述次态寄存器迁移到现态寄存器

always @ (posedge clk or negedge rst_n)   //异步复位

if (! rst_n)

current_state <= IDLE;

else

current_state <= next_state ; //注意，使用的是非阻塞赋值

//描述状态转移条件判断

case (current_state)

s1：if (…)

next_state = s2 ; //阻塞赋值

…

endcase

end

//第二个进程，同步时序 always 模块，格式化描述次态寄存器输出

always @ (posedge clk or negedge rst_n)

…//初始化

case (next_state)

s1 :out1 <= 1'b1 ; //注意是非阻塞逻辑

s2 :

out2 <= 1'b1 ;

default :…//default 的作用是免除综合工具综合出锁存器

endcase

end

（3）三段式状态机

在两个 always 模块描述方法基础上，使用三个 always 模块，一个 always 模块采用同步时序描述状态定义，一个 always 采用组合逻辑判断状态转移条件，描述状态转移规律，

第三个 always 模块描述状态输出（可以用组合电路输出，也可以 ET 时序电路输出）。

示例：

//第一个进程,同步时序 always 模块,格式化描述次态寄存器迁移到现态寄存器

always @ （posedge clk or negedge rst_n）　　//异步复位

if （! rst_n）

current_state <= IDLE；

else

current_state <= next_state ；//注意,使用的是非阻塞赋值

//第二个进程,组合逻辑 always 模块,描述状态转移条件判断

always @ （current_state）　　//电平触发

begin

next_state = x ;//要初始化,使得系统复位后能进入正确的状态

case(cruuent_state)

s1：if （…）

next_state = s2 ; //阻塞赋值

…

endcase

end

//第三个进程,同步时序 always 模块,格式化描述次态寄存器输出

always @ （posedge clk or negedge rst_n）

…//初始化

case （next_state）

s1 ：out1 <= 1'b1 ; //注意是非阻塞逻辑

s2 ：

out2 <= 1'b1 ；

default ：… //default 的作用是免除综合工具综合出锁存器

endcase

end

二段式在组合逻辑特别复杂时适用，但要注意须在后面加一个触发器，以消除组合逻辑对输出产生的毛刺。三段式没有这个问题，由于第 3 个 always 会生成触发器。设计时须注意以下方面：

1) 编码原则，建议选择 binary、gray - code、one - hot code。

2) FSM 初始化问题，异步复位或者 GSR （Gobal Set/Reset） 将 FSM 进入初始化状态。

3) FSM 输出可以适用 task。

4) FSM 中的 case 要加上 default，默认态可以设为初始态。

5）第二段的 always（组合部分，赋值用＝）里面判断条件一定要包含所有情况，可以用 else 保证包含完全。

6）第二段 always 中，组合逻辑电平要维持超过一个 clock，仿真时应予注意。

一般而言，推荐的 FSM 描述方法是后两种。这是因为：FSM 和其他设计一样，最好使用同步时序方式设计，以提高设计的稳定性，消除毛刺。状态机实现后，一般来说，状态转移部分是同步时序电路，而状态的转移条件的判断是组合逻辑。

6.2.3　时钟信号设计

无论是用离散逻辑、可编程逻辑还是用 ASIC 实现的任何数字设计，为了成功地操作，可靠的时钟是非常关键的。设计不良的时钟在极限的温度、电压或制造工艺存在偏差情况下将导致错误的行为，并且调试困难、花销很大。在设计 FPGA/CPLD 时通常采用的时钟包括：全局时钟、门控时钟、行波时钟、多时钟系统。

全局时钟（或同步时钟）是可预测的时钟，由专用的全局时钟输入引脚驱动的单个主时钟去同步设计项目中的每一个触发器。只要可能就应尽量在设计项目中采用全局时钟。FPGA 都具有专门的全局时钟引脚，它直接连到器件中的每个 Bank 的每一组寄存器。这种全局时钟提供器件中最短的时钟到输出的延时。以 Quartus Ⅱ 软件为例，自动打开全局时钟设置选项如图 6 - 14 所示。

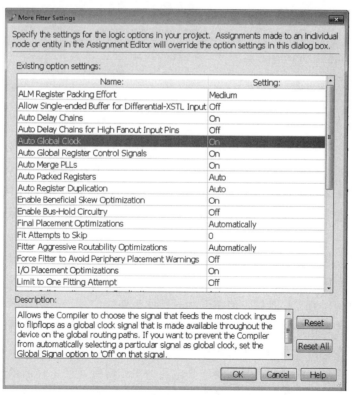

图 6 - 14　打开全局时钟设置

　　门控时钟，通过与门（或门）使能的方式实现对全局时钟的控制或分频，得到需要的时钟。门控时钟可以像全局时钟一样可靠地工作，驱动时钟的逻辑必须只包含一个"与"门或一个"或"门，在某些情况下可以降低功耗。以 Quartus Ⅱ 软件为例，门控时钟转换的设置选项如图 6-15 所示，此设置建议打开，以保证对设计中生成的门控时钟的可靠控制。由于控制门不符合同步设计，有可能引起亚稳态，在设计时需要使用时钟源将使能信号锁存，打一拍，然后作为门控。

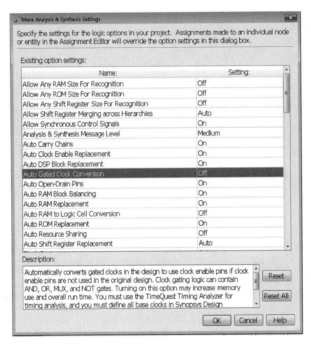

图 6-15　门控时钟转换的设置

　　行波时钟，一个触发器的输出用作另一个触发器的时钟输入，由计数器分频或者状态机输出产生的时钟，如图 6-16 所示。行波时钟在行波链上各触发器的时钟之间产生较大的时间偏移，并且会超出最坏情况下的建立时间、保持时间和电路中时钟到输出的延时，使系统的实际速度下降。故为保证设计的建立、保持时间以及时钟的安全，在设计中不能采用行波时钟。

　　多时钟系统，同时存在多种时钟的系统，需要将所有非同源时钟同步化。如果时钟间存在着固定的频率倍数，这种情况下它们的相位一般具有固定关系，可以采用以下方法处理：使用高频时钟作为工作时钟，使用低频时钟作为使能信号，当功耗不作为首要因素时建议使用这种方式；在仔细分析时序的基础上描述两个时钟转换处的电路。

　　如果电路中存在两个不同频率的时钟，并且频率无关，可以采用如下策略：利用高频时钟进行采样，在电路中使用高频时钟作为电路的工作时钟，经采样后的低频时钟作为使能信号；在时钟设计上，建议在同步单元中采用两次同步法；使用握手信号；使用双时钟FIFO 进行数据缓冲。

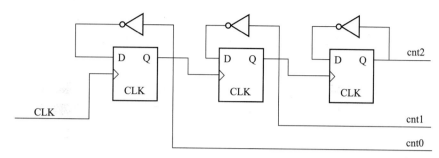

图 6-16　行波时钟

1）采用全局时钟，不要将时钟参与运算。系统提供一定数量的全局时钟线，在布局布线时，尽量满足这些信号的要求，以减小时钟偏移和倾斜。以 Quartus Ⅱ 软件为例，设置选项如图 6-17 所示。

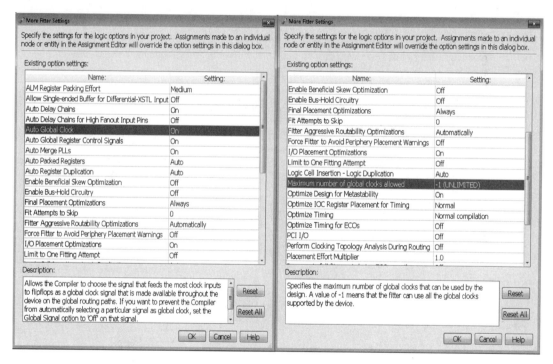

图 6-17　打开全局时钟选项

2）以寄存器为边界划分工作模块，每一个模块的输出端口都采用寄存器输出，在整体布局布线后，各模块的输出依然可以保证原来的时序，加入这些寄存器也使得电路的可测性有所提高。以 Quartus Ⅱ 软件为例，设置选项如图 6-18 所示。

3）组合逻辑尽量采用并行结构，降低寄存器间组合路径的延迟，在完成相同功能的前提下应该尽量使用并行逻辑。如果没有优先级要求应该尽量采用 case 语句来描述，这样综合出来的电路并行度要大一些，如果采用 if - then - else 结构，综合出来的电路都是串行的，增大了时延路径。以 Quartus Ⅱ 软件为例，设置选项如图 6-19 所示。

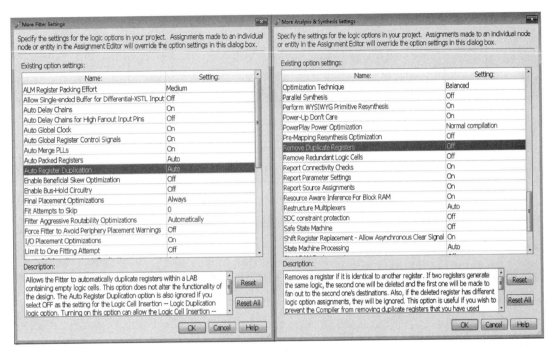

图 6-18　设置寄存器输出

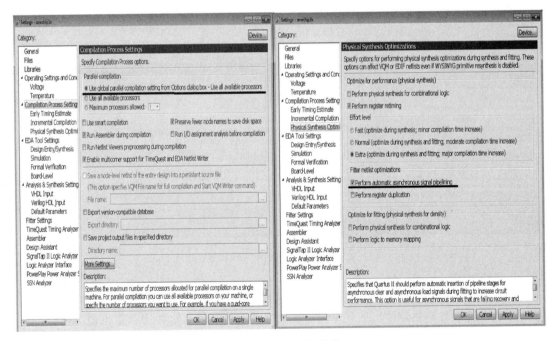

图 6-19　设置并行结构

4）应该消除锁存器，如果某个数据需要保存，应该合理安排使用寄存器，因为锁存器在整个工作电平有效期间都对输入敏感，输入的任何毛刺经过锁存器后都不会消除，这样使得在其后的组合电路发生竞争冒险的可能性大为提高，影响电路性能。解决办法是在设计中尽量不使用组合逻辑，如果组合逻辑不可避免，则在该信号的输入/输出时，使用时钟进行同步。

5) 在设计中应该尽量采用同步设计，信号被时钟采样后再参与逻辑运算，这样可以隔断组合路径，也可以消除毛刺。在设计中，组合信号的输出不允许反馈作为该组合逻辑的输入，这样可以避免组合环。时钟信号源不宜驱动不同时钟沿触发的寄存器。一般建议对外部（PCB）的输入信号进入 FPGA 逻辑时首先用时钟同步，然后再进行内部处理，如果是输入中断或者使能等控制信号，建议进行相应滤波。

6.2.4　复位信号设计

为保证系统可靠地进入工作状态，以及避免对与 FPGA 输出关联的系统产生不良影响，FPGA 上电后要进行复位，且为了消除电源开关过程中引起的抖动影响，复位信号须在电源稳定后经过一定的延时才能撤销，FPGA 的复位信号须保证正确、稳定、可靠。复位的目的是在仿真时将设计强制定位在一个可知状态，合理选择复位方式是电路设计的关键。

根据与系统时钟域的关系，复位电路可分为同步复位和异步复位。根据是否存在外部复位端口，复位电路又可分为外部复位和内部复位。外部复位是指复位信号主要来自外部引脚的输入，如复位按钮、电源模块输出等。内部复位信号则是主要由 FPGA 内部电路产生。可靠的复位设计主要有 4 种方法，包括清除复位信号上的毛刺、异步复位同步释放、采用专用全局异步复位/置位资源和采用内部复位。

（1）清除复位信号上的毛刺

采用异步复位的设计中，为提供复位的安全性、可靠性，避免复位信号的毛刺或者抖动造成影响，需要清除复位信号上的毛刺。主要方法有：在硬件设计时，对输入 FPGA 的复位信号进行电容滤波；在 FPGA 设计时将高频复位信号连接到全局复位资源上；对输入的复位信号进行移位滤波。参考设计如下所示，根据实际情况决定延迟打拍的次数。

```
always @ (posedge clk_in)
begin
    rst_n_d1 <= rst_n;
    rst_n_d2 <= rst_n_d1;
    rst_n_d3 <= rst_n_d2;
    rst_n_all <= rst_n_d3;
end
```

（2）异步复位同步释放

由于异步复位时，时钟和复位关系的不确定性，易造成触发器输出亚稳态，引起逻辑错误。为确保其复位的可靠性，通常采用异步复位同步释放的方式，就是在复位信号到达时不与时钟信号同步，而是在该信号释放时与时钟信号进行同步。通过一个复位信号综合器便可实现异步复位同步释放。参考设计如下所示。

```
——Discription: Reset Synthesizer
Library ieee :
Use ieee. std_logic_1164. all:
Entity Rst_Synth is
        Port
    (
            Clk      ;      in     std_logic:
            Arst     ;      in     std_logic:
            Rst_n    ;      out  std_logic
    ):
End entity Rst_Synth:


Architecture RTL of Rst_Synth is
Signal   dff   ;   Std_logic:
Begin
    Process( Arst , Clk)
    Begin
        If Arst = '0 then
            Dff            <= '0':
            Rst_n         <= '0' :
        Elsif Clk'envent and Clk = '1' then
            Dff            <= '1':
            Rst_n         <= Dff:
        End if:
        End process:
End RTL:
```

（3）采用全局异步复位/置位资源

主要作用是对系统中存在的所有触发器、锁存器、查找表单元的输出寄存器进行复位，不会占用额外的布线资源。使用 GSR 资源，异步复位到达所有寄存器的偏斜最小。以 Quartus Ⅱ 软件为例，设置选项如图 6 - 20 所示，对扇出较大的复位信号，手动设置为全局信号。

（4）采用内部复位

在无需复位信号先于时钟信号产生的应用中，为避免外部复位毛刺的影响及异步复位电路可能引起的亚稳态，减小资源的使用率，可通过 FPGA 产生内部复位，然后采用异步的方式对其内寄存器进行复位。由于该复位信号由 FPGA 内部产生，不会因外部干扰而产生毛刺，同时又与时钟同步，不存在因异步复位导致的亚稳态现象，因此可确保系统可靠

	Status	From	To	Assignment Name	Value	Enabled	Entity	Comment	Tag
1	✔ Ok	Ready_RS...LRESET_n	ad_...ata	Global Signal	Global Clock	Yes	exam...710		
2		<<new>>	<<new>>	<<new>>					

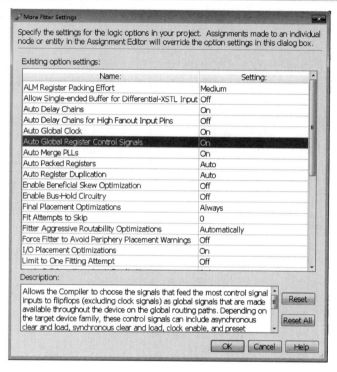

图 6 - 20　设置全局复位信号

复位。对于采用 PLL 输出时钟作为主时钟的设计，在地面设备中可以使用其输出的 locked 信号作为内部复位信号，参考设计如下所示。

```
fog_pll u_fog_pll(
    .inclk0    (clk),
    //.pllena    (rst_n),
    .areset    (~rst_n),
    .pfdena    (rst_n),
    .c0        (clk_250),
    .c1        (clk_50),
    .locked    (locked),
);
```

6.2.5　跨时钟域信号处理

对于跨时钟域信号传递，没有工具可以保证其可靠性，在静态时序分析时对其应该设置 false path 约束，对这些信号只能靠跨时钟域设计来保证，通常利用 RAM、FIFO 或者打拍等方式进行处理，以避免跨时钟域信号的亚稳态。

跨时钟域信号主要有以下 3 种处理方式。

（1）两级触发器同步

该方式常用于处理单 bit 数据的跨时钟域问题。打两拍就是定义两级寄存器，对输入的数据进行延拍。两级寄存是一级寄存的平方，两级并不能完全消除亚稳态危害，但是提高了可靠性，减少了亚稳态发生概率。总的来讲，就是一级概率很大，三级改善不大，如果再加上第三级寄存器，由于第二级寄存器对于亚稳态的处理已经起到了很大的改善作用，第三级寄存器在很大程度上可以说只是对于第二级寄存器的延拍，如图 6 - 21 所示。

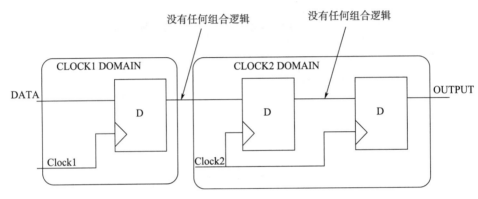

图 6 - 21　跨时钟域同步处理

（2）异步 FIFO 或双口 RAM

一般采用异步双口 RAM 来做多 bit 数据的跨时钟域处理。先利用一个时钟域的时钟将输出的数据写入异步双口 RAM，然后使用另一个时钟域的时钟从 RAM 中读出。使用异步双口 RAM 来处理多 bit 数据的跨时钟域时，在能使用异步双口 RAM 处理跨时钟域的场景中，也可以使用异步 FIFO 来达到同样的目的。

（3）格雷码转换

因为格雷码计数器的输出每次只有一位跳变，消除了竞争冒险的发生条件，避免了毛刺的产生。

6.2.6　信号传输设计

信号在 FPGA 器件内部通过连线和逻辑单元时，都有一定的延时。延时的大小与连线的长短和逻辑单元的数目有关，同时还受器件的制造工艺、工作电压、温度等条件的影响。信号的高低电平转换也需要一定的过渡时间。由于存在这两方面的因素，多路信号的电平值发生变化时，在信号变化的瞬间，组合逻辑的输出有先后顺序，并不是同时变化，往往会出现一些不正确的尖峰信号，这些尖峰信号称为"毛刺"。如果一个组合逻辑电路中有"毛刺"出现，就说明该电路存在"冒险"。

由于无法保证所有连线的长度一致，所以即使输入信号在输入端同时变化，但经过 PLD 内部的走线，到达或门的时间也是不一样的，毛刺必然产生。只要输入信号同时变化,(经过内部走线)组合逻辑必将产生毛刺。将它们的输出直接连接到时钟输入端、清零或置位端口的设计方法是错误的,这可能会导致严重的后果。所以必须检查设计中所有时钟、清零和置位等对毛刺敏感的输入端口,确保输入不含有任何毛刺。

为了消除毛刺,在数字电路信号传输设计中,需要采取相应措施。

1)采用格雷码计数器取代普通的二进制计数器,这是因为格雷码计数器的输出每次只有一位跳变,消除了竞争冒险的发生条件,避免了毛刺的产生。

2)输出加 D 触发器,这是一种比较传统的去除毛刺的方法。原理就是用一个 D 触发器去读带毛刺的信号,利用 D 触发器对输入信号的毛刺不敏感的特点,去除信号中的毛刺。

3)采用同步电路,因为同步电路信号的变化都发生在时钟沿,只要毛刺不出现在时钟的沿口并且不满足数据的建立和保持时间,就不会对系统造成危害。

4)在输出信号的保持时间内对其进行"采样",就可以消除毛刺信号的影响。

5)信号延时同步,在两级信号传递的过程中加一个延时环节,从而保证在下一个模块中读取到的数据是稳定后的数据,即不包含毛刺信号。对数据信号和时钟信号均可采用延时法。

6)状态机控制,由状态机在特定的时刻分别发出控制特定模块的时钟信号或者模块使能信号,状态机的循环控制就可以使得整个系统协调运作,在状态机的触发时间上加以处理,就可以避免竞争冒险,从而抑制毛刺的产生。

6.2.7 FPGA 开发软件版本要求

在整个的开发流程中,应该保持 FPGA 开发软件版本的一致性。即使源代码未做修改,使用不同版本开发软件综合以及生成的网表文件和 bit 文件会有区别,为保证设计的一致性,开发过程中要保证所有设计过程使用同一个版本。

后期维护或者对先前的设计进行修改升级时,如果未改动源代码,未改动 FPGA 芯片型号,则使用原软件版本。

6.2.8 FPGA 器件选择要求

应该根据具体项目的工作环境和资源规模,选择合适的 FPGA 芯片的型号和等级,工作环境主要考虑温度、湿度、酸碱度、气压、空间粒子等,综合后的资源主要考虑工程中使用的 Serdes(GTX)、BUFG(全局时钟网络 Global Clocks)、LUT、寄存器、BRAM、Slice、FF、PLL、DCM、MMCM、内部 DSP 等。FPGA 芯片等级分商业级、工业级、军品级、宇航级。对于 Xilinx 的 CPLDs 来说,值越小,速度越高,对于 Xilinx FPGAs 来说,值越大,速度越高。

以 Vivado 软件为例,选取器件时的选项如图 6-22 所示,其中详细标明了每个器件的典型资源,尤其对于使用 PLL、GTP(GTH/GTZ)、PCIe 等资源的设计,该选项一目了然。

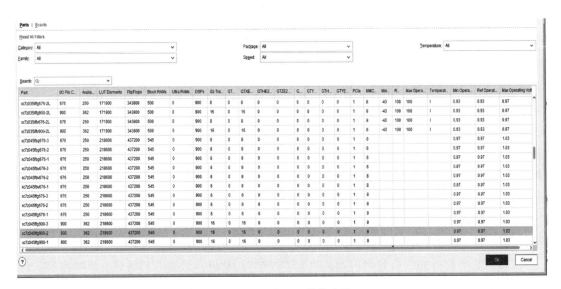

图 6 - 22　Vivado 器件选择

以 Actel 公司 Libero 软件为例，器件的选项如图 6 - 23 所示，该公司的器件等级较宽范，可以选择的器件涵盖商业级、工业级、军品级、宇航级。

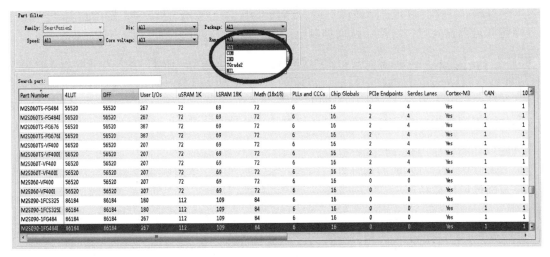

图 6 - 23　Libero 器件选择

6.2.9　设计约束要求

设计约束主要包括时序、面积、功耗和环境参数，具体工程中的输入驱动强度、输出负载、输入到达时间等的精确描述，对产生最优的门级网表至关重要，违反正确约束或者忽略约束都可能导致非最优化的设计。

应对所有使用的时钟信号和复位信号进行时序约束，对关键路径进行约束，对建立/保持时间和时钟偏差有特殊要求的信号须在约束中明确。

应正确添加所有约束（包括对外部接口的管脚约束、时序约束、内部时序约束），布线报告满足约束要求，时序无 error 类告警。1）硬件方面：电平标准、电流强度、翻转速率以及上下拉（差分时还有输入阻抗匹配，高速信号还有预加重、VOD、接收均衡、直流增益等）；2）输入输出锁 IOB/IOE，时序约束正确（Tsu、Th、Tco、Fmax）；3）异步和组合逻辑锁 IOB/IOE，加 set _ minimum _ delay 和 set _ maximum _ delay 约束；4）时钟约束有基时钟、衍生时钟、虚拟时钟和多周期约束等。

6.2.10　时钟管理模块使用要求

1）PLL：产生倍频和分频时钟，产生时钟的频率比 DCM 更加精准，而且时钟的 jitter 也更好。2）DCM：对输入时钟进行相位移动（延迟）、补偿，产生倍频和分频时钟。3）MMCM：PLL＋DCM 相移功能的结合体。4）PMCM：相位匹配时钟分频器，可用于实现相位匹配分配时钟或相位匹配延迟时钟。

在不同的系列中，相似的资源（比如 DCM）可能在功能上并不完全相同。例如，Spartan－6 FPGA 中的 DCM 支持扩频时钟，但 Virtex－4 和 Virtex－5 器件中的 DCM 就不支持。Virtex－6 和 Virtex－7 系列中的 MMCM 能够与之前系列中的 DCM 向后兼容，但需要判断在多大程度上支持向后兼容性。不建议同类型或者不同类型的时钟资源的多级级联，有可能发生偶发性的失锁。设计中如果使用 DCM，则必须对 DCM 模块进行失锁监控并进行自动复位。

6.2.11　余量设计

设计使用的资源不超过 FPGA 硬件资源的 80％，在最大、典型和最小工况下的时钟工作速率满足 80％的降额。

6.2.12　边界安全性设计

应对所有输入数据进行阈值检查，避免因数据输入导致软件运行异常；对重要数据进行合理范围判断，并进行出错处理；进行数值运算时注意数值的合理性判断，如除法计算要考虑除数为 0 或很小时的溢出处理，对开平方根计算要考虑被开根数是否大于等于零的判断。

对操作地址的上、下边界进行检查，所有读、写均应在允许的地址内进行，如果地址超出边界，应有校验和保护机制。

6.2.13　内部信号设计

内部寄存器需要有确定、正确的复位状态，寄存器之间赋值应保证位宽一致，且应避免使用锁存器，如果 if－then－else、when－else 语句中缺少 else 语句，或者 case－when、with－select－when 语句中缺少 others 语句，会产生锁存器。产生锁存器的参考设计如下所示。

```
process(a,enable)
begin
    if(enable = '1')then
        dout <= a;
    end if;
end process;
```

6.2.14　中断设计

外部管脚输入信号作为中断，必须按照要求进行滤波处理，并且对异常中断和超时中断响应设计保护机制，防止造成程序跑飞或者死机。

对未使用到的中断进行屏蔽处理；对中断矢量表进行设置，按照优先级合理设计中断序列、中断嵌套、中断现场的保存和恢复；避免中断访问冲突，预防中断死锁。

6.2.15　内部存储区设置要求

所有内部存储器均应进行复位，且设置初始值，对未使用的存储区若不做处理，可能发生单粒子打入空白存储区造成程序异常的情况。

6.2.16　内部 DSP 设计要求

因为各种原因导致指令发生错误，如指令格式、指令参数的设置等，以及故障致使传输的指令数据发生了异常，都将会破坏内部 DSP 运行，可能会因为软件缺陷造成错误、死机等，需要设置异常恢复。

6.2.17　模块扇入扇出要求

模块的扇出一般应控制在 7 以下，高层模块有较高的扇出，底层模块有较低的扇出。

6.2.18　信号扇入扇出要求

高扇出是导致时序失效一个重要因素，高扇出本身会强制节点分散，增加布线的延时，从而导致增加 Tdata。FPGA 内部信号和管脚需满足扇出要求，一般不超过 5 000。同时要关闭软件中的忽略最大扇出设置。以 Quartus Ⅱ 软件为例，设置选项如图 6 - 24 所示。

6.2.19　管脚设计

所有输出信号引脚必须保证确定的复位状态，使系统上电后有确定的输出状态，且保证输出信号为无效状态（上电复位阶段要求将不使用的管脚配置为三态弱上拉或者高阻态，不会导致其他接口异常）。以 Quartus Ⅱ 软件为例，设置选项如图 6 - 25 所示。

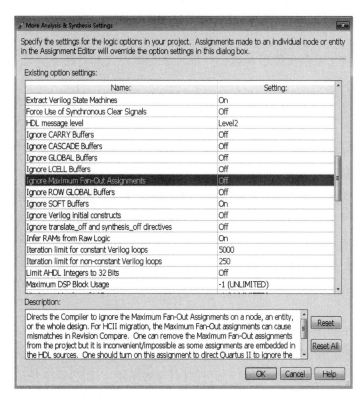

图 6 - 24　扇入扇出设置

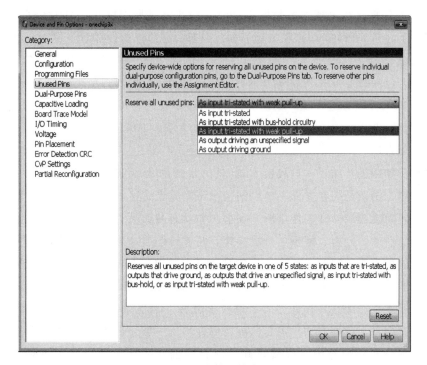

图 6 - 25　未使用管脚设置

6.2.20　抗单粒子翻转安全性设计

抗单粒子翻转主要包括循环加电、三模冗余，器件冗余、配置管理、周期擦除技术、纠错电路 EDAC 等措施。

（1）循环加电（Power - Cycled）

任何时候只要 FPGA 重新上电，它的配置存储器将会被刷新。所以，循环加电是一种最简单的刷新（Scrubbing）措施。在低辐射环境下可以考虑这种刷新方案。

（2）三模冗余

对部分设计或全部设计进行三模冗余，插入判决单元，使反馈路径同步且插入用户自定义的三模冗余模块。对设计进行三模冗余能够减轻 SEU 的影响，但是仅仅在单个器件上进行三模冗余仍然会受 SEFI 的影响。三模冗余后的设计功耗会有所增加，性能也会受到一定的影响。但是三模冗余设计有时会被综合优化掉，为避免被优化，应该在代码中加入综合约束 syn _ preserve（阻止寄存器和模块被综合优化）。

（3）器件冗余

性能最好的方案是在多片 FPGA 上实行配置管理和设计的三模冗余，并通过比较输出来确定最终的输出。对于器件冗余可以有多种实现方案：如用 2 片 FPGA 实现两模冗余或采用 3 片 FPGA 实现三模冗余。对于 2 片 FPGA 的实现方案，每片 FPGA 上有同一个设计的两个备份，还有一片抗辐射器件用于输出判决。如果其中一个输出与其他三个不同，那么判决器忽略该 FPGA 的所有输出直到输出重新与其他的 FPGA 一致为止。如果其他 3 片 FPGA 中的任何一片出现输出数据不一致，则忽略其所有输出，并对所有的 FPGA 进行复位。对于 3 片 FPGA 的实现方案，每片 FPGA 上的设计相同，通过一片抗辐射的 FPGA 进行输出判决。对于 4 片或更多片的 FPGA 的实现方案，判决可针对其中 3 片 FPGA 的输出，而其他 FPGA 的输出作为备用。如果 3 片 FPGA 中的任何一片失效，那么用备用的 FPGA 代替这片 FPGA。失效的 FPGA 成为备用的 FPGA，与其他 FPGA 保持同步。只要还有 2 片 FPGA 输出相同，这种方案就能继续工作。

（4）配置管理

通过重新加载进行纠正，这种抗 SEU 的方法被称为刷新。刷新又可分为静态刷新和动态刷新，静态刷新是指在器件不掉电的情况下对其配置区的全部内容进行重载，从而纠正错误，但同时会造成器件工作中断，当前工作状态参数丢失；动态刷新是指对其配置区的内容进行针对性的分析、解析，分块操作，与设计结合，可保证刷新过程中器件的工作不受影响，这种操作也叫配置管理。配置管理可由抗辐射 FPGA、CPLD、CPU、ASIC 或 FPGA 设计本身来完成。刷新一般分为两种，回读检测刷新和定时刷新。1）回读检测刷新，即通过回读检测配置内存是否发生单粒子翻转。当检测到一帧数据中包含错误的 bit 位时，就需要刷新。这种方法只需要向配置内存写入一帧正确数据即可纠正错误，但是这种方法需要系统额外的开销来存储正确的配置数据，并且在算法上实现起来比较复杂。2）定时刷新，一种简单方法就是在一定的时间间隔里，向配置内存载入整个 CLB 配置段，而不需要回读检测，这种方法叫做定时刷新。刷新周期可以根据每个器件发生单粒子翻转的频率来设定一个安全的值。

（5）周期擦除技术

在固定时间周期内，对系统内部各关键单元进行周期擦除复位，这样可以很大程度地避免单粒子翻转对系统产生的影响。当系统中发生单粒子翻转事件时，可能会导致关键寄存器、计数器或关键使能信号等发生意外翻转，引起外围控制器件工作异常。若这种异常的工作状态持续时间较长，会导致设备无法正常工作甚至永久损坏。若系统采用周期擦除技术，一旦发生 SEU，周期复位信号可以在很短的时间内将错误的计数器、存储器复位到正确状态，保证系统的安全稳定。

（6）纠错电路 EDAC

对各模块关键信号实时监测，并将检测到的错误信号及时纠正，防止空间辐射对系统的影响。

6.2.21　高级语言编程限制

原则上不使用跳转语句，不使用 PLI（编程语言接口）等高级语言；用 DO - END 和缩排格式来限定语句组的边界；用 DO 和 DO - WHILE 强调循环的存在；对常量用可执行代码初始化。其中循环次数不能超过软件中的设置次数。参考设计如下所示。

```
for <name> in<lower_limit> to <upper_limit> loop
        <statement>；
        <statement >；
end loop；
while <condition> loop
        <statement>；
        <statement >；
end loop；


genvar <var>；
generate
        for (<var> = 0；<var> < <limit>；<var> = <var> + 1)
        begin：<label>
                <instantiation>
        end
endgenerate


genvar<var1>，<var2>；
generate
```

```
for (<var1> = 0；<var1> < <limit>；<var1> = <var1> + 1)
begin：<label_1>
for(<var2> = 0；<var2><<limit>；
     <var2> = <var2> + 1)
begin：<label_2>
     <code>
end
end
endgenerate
```

以 Quartus II 软件为例，循环次数的限制设置选项如图 6-27 所示。

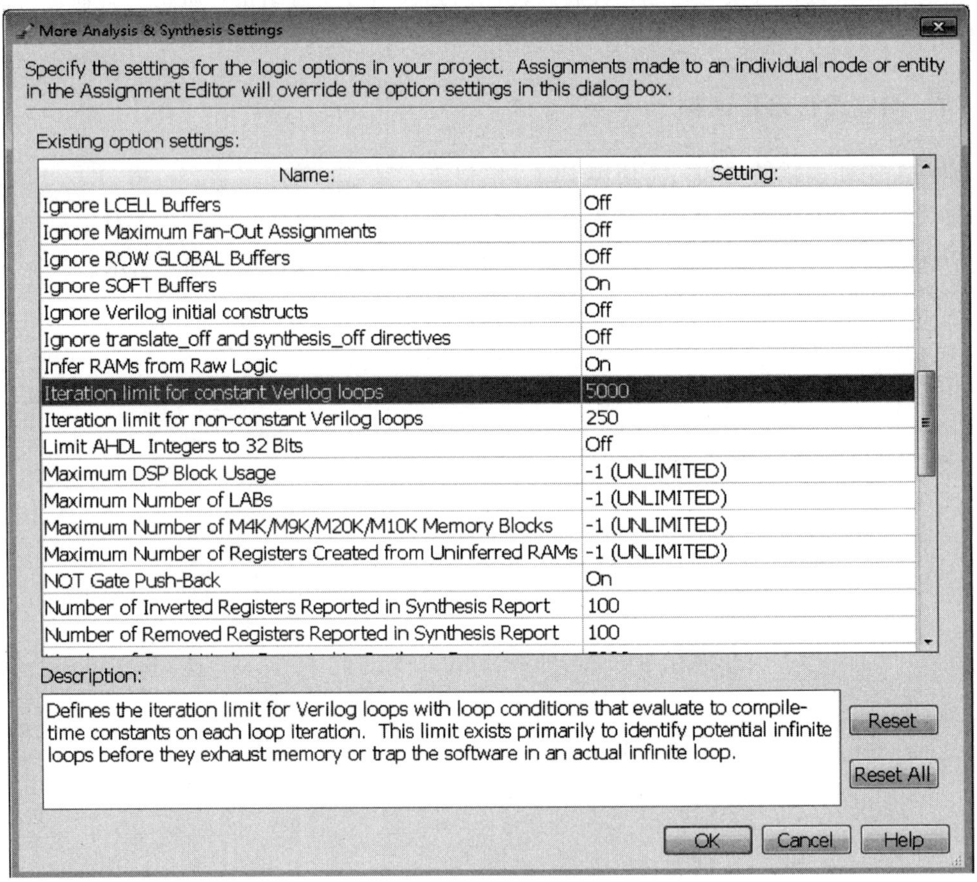

图 6-27　循环次数限制设置

用于控制循环终止条件的参数必须为常量，参考设计如下所示。

```
ADD：    for i in 1 to 10 loop       ADD：    for i in 1 to A loop
            sun <= sum + i；                    sun <= sum + i；
        end loop ADD；                      end loop ADD；
```

禁止在 for 循环体内修改循环变量，参考设计如下所示。

```
ADD：    for i in 1 to 10 loop

            sun <= sum+i；

        i <= i+1；

    end loop ADD；
```

6.2.22　清理软件多余物

逻辑中不得包含不使用的代码，不允许存在冗余代码，运行程序不得包含不引用的变量；清除文档中未记载的特征；所有未被运行程序使用的内存必须初始化到某一模式。

6.2.23　容错设计

同时考虑硬件容错设计和软件容错设计。对运行之前以及运行过程中可能的异常情况，设计相应的保护措施，保护措施必须使系统转入安全状态，并保持计算机处于运行状态。覆盖必须占用等量的内存，且将剩余部分初始化到某一模式，剩余空间不得使用随机数、停止等指令填充，也不得用数据或者代码来填充。在使能 CRC 校验的场合，可以在软件中进行设置，以 Quartus Ⅱ软件为例，设置选项如图 6-28 所示。

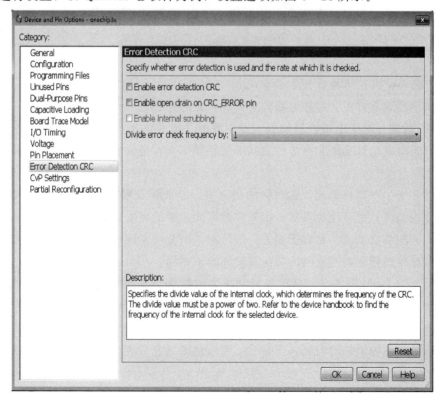

图 6-28　使能 CRC 校验设置

6.3 时序约束及典型时序优化方法

本节针对可编程逻辑器件的时序参数和时序路径进行说明，主要包括建立时间、保持时间、亚稳态、时钟偏移和抖动、恢复时间和清除时间、多周期路径等时序参数，同时还对同步设计、时钟设计等设计方法和设计思想进行了阐述。

6.3.1 时序相关基本概念

一个稳定、可靠的可编程逻辑器件软件设计，除了功能实现以外，还必须保证时序满足。时序作为可编程逻辑器件的特殊属性，有别于嵌入式软件和信息化软件，因此在可编程逻辑软件设计上功能和时序均要考虑，且作为重中之重。图 6-29 为典型的同步时序电路结构。

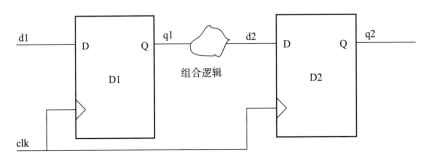

图 6-29 典型的同步时序电路结构

6.3.1.1 建立时间、保持时间和传输延时

在可编程逻辑器件中，时序电路的主要元素是时钟和触发器（Flip Flop，有时也被称为寄存器）。时钟是时序电路的驱动器，控制着时序电路的工作流程。触发器是时序电路的存储器，是具有记忆功能和两个稳定状态的存储单元，是构成多种时序电路最基本的逻辑单元。

触发器作为一种硬件单元，在时钟的驱动下，若要保证触发器稳定地存储数字信息，须满足一定的条件，即满足触发器稳定采样数据所需要的建立和保持时间。建立时间和保持时间的大小与制造工艺、材料等相关，故针对不同公司或同一公司不同系列的可编程逻辑器件，其触发器所需的建立时间和保持时间也不相同。

建立时间（Tsu）是指在时钟信号沿到来之前数据至少稳定的时间；保持时间（Th）是指在时钟沿之后数据仍需保持不变的时间。不管是建立时间不满足或者保持时间不满足，触发器均有可能输出亚稳态，导致数据的错误。触发器传输延时（Tc_q）是指从时钟沿到数据被送到输出端的时间。图 6-30 用示意图的方式表示建立时间、保持时间和传输延时。

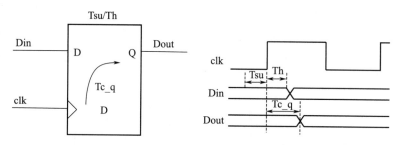

图 6-30　触发器建立时间、保持时间和传输延时

6.3.1.2　恢复时间和去除时间

在同步电路中，数据和时钟满足触发器建立时间和保持时间时，才能稳定正确传输数据，防止亚稳态。对于异步复位触发器来说，为保证触发器能有效复位和复位释放，时钟信号和复位信号应满足恢复时间和去除时间要求。

恢复时间（Recovery time）指异步复位信号在"下个时钟沿"到达之前变无效的最小时间长度；去除时间（Removal time）是指异步复位信号在"有效时钟沿"之后变无效的最小时间长度。恢复时间和去除时间中任何一个不满足，都有可能导致触发器输出不确定态。图 6-31 用示意图的方式表示恢复时间和去除时间。

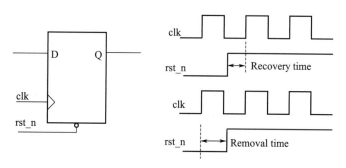

图 6-31　恢复时间和去除时间

6.3.1.3　时钟抖动和时钟偏移

在可编程逻辑器件设计中，对时钟的要求非常严格，因为所有的时序计算都是以时钟为基准的。但实际中，时钟信号往往不是那么完美，存在时钟抖动和偏移现象。时钟抖动指两个时钟周期之间存在差值，这个差值是在时钟发生器内部产生的，与晶振或者 PLL 内部电路有关，布线对其没有影响。时钟抖动如图 6-32 所示，同时由于周期内信号的占空比发生变化而引起的抖动，称之为半周期抖动。总体来说，抖动可以认为是时钟本身在传输过程中偶然和不定的变化之总和。

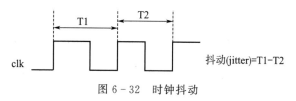

图 6-32　时钟抖动

时钟偏移指时钟信号到达数字电路各个部分所用时间差异。它的表现形式是多种多样的，既包含时钟驱动器多个输出之间的偏移，也包含由于 PCB 走线造成的偏移。时钟偏移的数值可以是正的，也可以是负的。图 6-33 说明了时钟信号到达不同触发器而引起的时钟偏移。

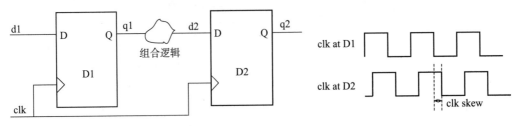

图 6-33　时钟偏移

6.3.1.4　亚稳态

在数字集成电路中，时序逻辑可靠传输，须满足每一级触发器均能稳定地采样到需传输的数据。触发器正确采集数据须满足一定的采样窗口（建立时间和保持时间），触发器采样窗口的大小与触发器本身的制造工艺相关，即不同公司、不同系列的 FPGA，其采样窗口的大小略有差异。

在某一级触发器，如果没有满足建立时间，或者保持时间、或建立、保持时间均不满足，则触发器的输出可能会产生亚稳态现象。在亚稳态中，触发器的输出值在高和低之间徘徊一段时间，经过一段时间的延时，触发器的输出不确定，有可能为低，也有可能为高，如图 6-34 所示。

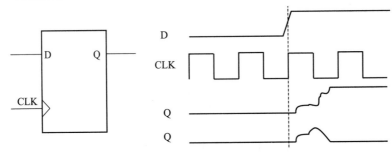

图 6-34　亚稳态示意图

亚稳态产生是偶发现象，其产生的概率与器件工艺、操作环境、采样时钟频率、数据的反复频率有关。亚稳态产生的概率可以通过亚稳态平均无故障时间（the metastability MTBF，即亚稳态决定的平均无故障时间）进行计算，计算公式如下所示

$$MTBF = \frac{e^{t_{MET}/C_2}}{c_1 * f_{clk} * f_{data}}$$

其中，c_1、c_2 为常数，f_{clk} 为接收时钟域的时钟频率，f_{data} 为数据的反复频率，t_{MET} 是亚稳态转稳定时间（vailable metastability settling time），t_{MET} 对同步链来说就是链中每个寄存器输出时序裕量的和。

一般情况下，更快的接收时钟频率和数据反复频率会降低亚稳态平均无故障时间，即提高亚稳态的出现概率。

6.3.1.5　寄存器复制

寄存器复制是解决高扇出问题最常用的方法之一，通过复制几个相同的寄存器来分担由原先一个寄存器驱动所有模块的任务，继而达到减小扇出的目的。

6.3.1.6　时序路径分类

在时序分析模型中，时序路径是时序分析的主要对象，因此理解时序路径是做好时序分析的前提。图 6 - 35 中描述了在时序分析中典型的时序路径。

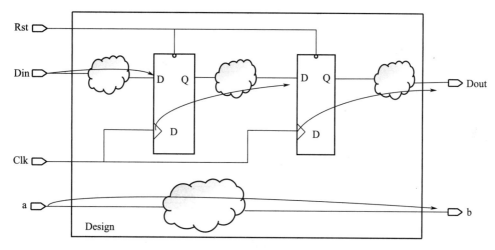

图 6 - 35　典型时序路径图

在图 6 - 35 中描述了端口到触发器路径、触发器到触发器路径、触发器到端口路径和端口到端口路径。同时在时序路径中还包含多周期路径和 false 路径。

6.3.1.6.1　pad - to - pad 路径

pad - to - pad 路径开始于芯片输入引脚，终止于芯片输出引脚，在芯片内部经历组合逻辑（与逻辑、或逻辑、三态逻辑等），不经历触发器。pad - to - pad 路径延时是指从输入引脚进入芯片，经过各种组合逻辑和线路，最终从芯片输出引脚输出的时间。针对同一个输入引脚和同一个输出引脚，在不同情况下，信号所走的路径有可能不同，因此 pad - to - pad 路径延时跟工作状态有关。图 6 - 36 为 pad - to - pad 路径及其延时分析。

6.3.1.6.2　pad - to - setup 路径

pad - to - setup 路径开始于芯片输入引脚，终止于触发器的数据端，在输入引脚和触发器之间可以存在组合逻辑，如图 6 - 37 所示。

pad - to - setup 路径延时包含芯片输入引脚缓冲器延时、经过组合逻辑和布线网络的延时以及触发器建立时间的延时。其延时分析如图 6 - 38 所示。

在图 6 - 38 中，外部裕量为上级处理器或者芯片从发送数据到数据到达可编程逻辑器件端口时间。因此为保证在可编程逻辑器件内部正确采集到外部数据，且没有数据丢失，

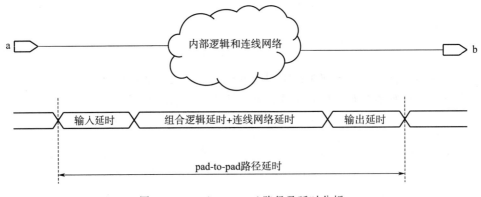

图 6 - 36　pad - to - pad 路径及延时分析

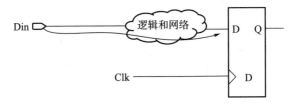

图 6 - 37　pad - to - setup 路径

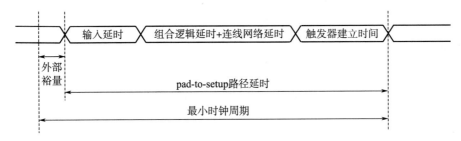

图 6 - 38　pad - to - setup 路径延时分析

触发器采用时钟（Clk）的最小时钟周期应等于外部裕量＋输入延时＋组合逻辑延时＋连线网络延时＋触发器建立时间。

6.3.1.6.3　clk - to - pad 路径

　　clk - to - pad 路径开始于触发器的时钟端，终止于芯片的一个输出引脚，在触发器的数据端和输出引脚之间可以存在组合逻辑，如图 6 - 39 所示。

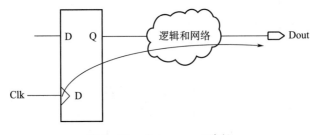

图 6 - 39　clk - to - pad 路径

clk‐to‐pad 路径延时包含触发器的输出延时、经过组合逻辑和布线网络的延时以及芯片引脚的输出延时。其延时分析如图 6‐40 所示。

图 6‐40　clk‐to‐pad 路径延时分析

在图 6‐40 中，外部裕量为下级芯片正确采集可编程逻辑器件输出数据的建立时间（此处描述忽略了部分板级延时）。因此为保证下级芯片正确采集到数据，且数据无丢失，触发器的时钟 （Clk） 的最小时钟周期应等于外部裕量＋触发器输出延时＋组合逻辑延时＋连线网络延时＋引脚输出延时。

6.3.1.6.4　clk‐to‐setup 路径

（1）同时钟域、全周期 clk‐to‐setup 路径

clk‐to‐setup 路径开始于源触发器的时钟端，终止于目的触发器的数据端，在源触发器的数据输出端和目的触发器数据输入端之间可以存在组合逻辑，如图 6‐41 所示。

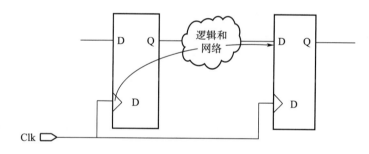

图 6‐41　同时钟域、全周期 clk‐to‐setup 路径

clk‐to‐setup 路径延时包含源触发器的输出延时、经过组合逻辑和布线网络的延时以及目的触发器的建立时间。在不考虑时钟 skew 情况下，其延时分析如图 6‐42 所示。在这种情况下，时钟 （Clk） 的最小时钟周期应等于源触发器输出延时＋组合逻辑延时＋连线网络延时＋目的触发器建立时间。

（2）同时钟域、半周期 clk‐to‐setup 路径

同时钟域、半周期 clk‐to‐setup 路径与同时钟域、全周期 clk‐to‐setup 路径的不同在于工作时钟的沿不相同，如图 6‐43 和图 6‐44 所示。

同时钟域、半周期 clk‐to‐setup 路径延时与同时钟域、全周期 clk‐to‐setup 路径延时一致。在不考虑延时的情况下，图 6‐44 中时钟 （Clk） 的最小高电平时间应等于源

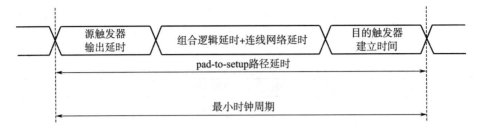

图 6 - 42　clk - to - setup 路径延时分析

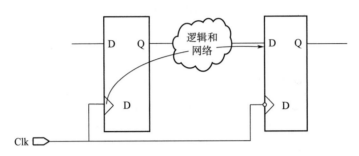

图 6 - 43　同时钟域、半周期 clk - to - setup 路径 1

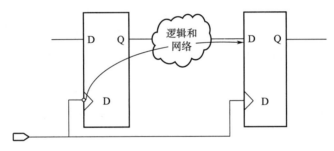

图 6 - 44　同时钟域、半周期 clk - to - setup 路径 2

触发器输出延时＋组合逻辑延时＋连线网络延时＋目的触发器建立时间。图 6 - 45 中时钟（Clk）的最小低电平时间应等于源触发器输出延时＋组合逻辑延时＋连线网络延时＋目的触发器建立时间。

（3）不同时钟域 clk - to - setup 路径

不同时钟域 clk - to - setup 路径与同时钟域 clk - to - setup 路径的不同在于触发器的驱动时钟，在不同时钟域 clk - to - setup 路径中，源触发器和目的触发器的驱动时钟不相同，即数据或信号传输存在跨时钟域情况，如图 6 - 45 所示。

不同时钟域 clk - to - setup 路径延时分析与相同时钟域延时分析一致，在这种情况下，时钟 Clk1 和时钟 Clk2 之间有效沿相位差至少等于源触发器输出延时＋组合逻辑延时＋连线网络延时＋目的触发器建立时间。

6.3.1.6.5　多周期路径

多周期路径是指在相同的时钟域内，数据从起始同步元件到目标同步元件之间的传输频率小于周期约束中定义的频率。

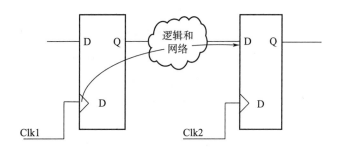

图 6 - 45　不同时钟域 clk - to - setup 路径

6.3.1.6.6　false 路径

false 路径也称为假路径，指在设计中不影响时序性能的路径。

6.3.2　可编程逻辑器件时序约束设计

6.3.2.1　时序约束设计概述

在可编程逻辑器件开发过程中，正确的时序约束是达到设计目标的保障，但正确的时序约束的前提是对设计要求及器件特性的理解。时序约束是设计目标和实现功能之间的桥梁，一个好的设计，所有的路径实现后应均能满足约束要求。

时序约束包括内部路径约束、输入路径约束、输出路径约束及特定路径的约束。最有效的约束是从全局约束开始，后根据需要进行特定约束，开发环境在时序约束的驱动下，完成映射、布局布线，最终实现时序目标。在实际设计中，可能存在过约束现象，过约束会使在实现过程中占用更多的内存，消耗更多的资源，同时有可能影响其他部分的布局布线，反而不一定能够取得好的布局布线效果。故在约束设计时，应根据任务需求进行合理时序约束。

在可编程逻辑器件开发过程中，约束设计一般通过开发环境提供的约束设计界面进行（也可以直接采用脚本命令），故本节针对相关厂家所提供的开发环境进行时序约束设计介绍。

6.3.2.2　Xilinx 时序约束设计

Xilinx 开发环境主要包含两大版本，即 ISE 和 Vivado。最新 Xilinx 芯片系列，均要求在 Vivado 开发环境中进行，故本节在 Vivado 2015.4 版本基础上，针对时钟约束、输入延时约束、输出延时约束和例外约束进行时序约束设计说明，其他 Vivado 版本的时序约束可以进行参考（时序约束方法和技术是一样的）。

6.3.2.2.1　时钟约束

（1）时钟周期约束

在同一个时钟域中，内部路径延时通过对时钟周期进行约束实现，周期约束是一个基本时序和综合约束。如果相邻同步元件时钟相位相反，那么它们之间的延迟将被默认限制为时钟周期约束值的一半。

图 6 - 46 中描述了 sys＿clk＿i25 时钟约束，其中 sys＿clk＿i25 时钟周期为 25 MHz，占空比为 50％。通过修改时钟上升时间和下降时间可以约束不同的占空比。

用 TCL 进行时钟周期约束为：create＿clock－period 40.000－name TS＿sys＿clk－waveform {0.000 20.000} [get＿ports sys＿clk＿i25]。

如果输入时钟为差分时钟，在时序约束中只需约束差分时钟的 P 端即可。

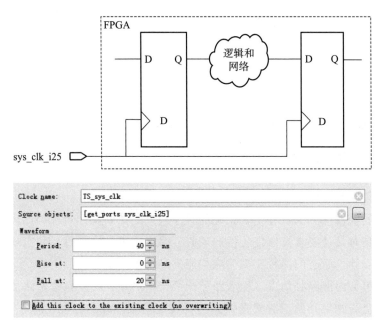

图 6 - 46　sys＿clk＿i25 时钟域周期约束

（2）生成时钟约束

在设计中，内部生成时钟分为两种：通过 MMCM/PLL/BUFR 产生时钟及通过寄存器和组合逻辑搭建的分频器产生时钟。针对通过 MMCM/PLL/BUFR 产生的内部时钟，工具会自动推断出时钟周期，无须对其进行时钟周期约束，如有需要，只需对其进行 I/O、时钟关系和时序例外等约束。通过寄存器和组合逻辑搭建的分频器产生时钟则须通过人工设计进行约束。

生成时钟主要包含以下几种情况。

• 简单的频率分频；

• 简单的频率倍频；

• 频率倍频与分频的组合，获得一个非整数的比例，通常由 MMCM 或 PLL 完成；

• 相移或波形反相；

• 占空比改变。

在 Vivado 中，生成时钟约束通过 create＿generated＿clock 命令实现。

1）频率 4 分频。图 6 - 47 中，生成时钟 clk＿i25＿2 通过对时钟 sys＿clk＿i25 二分频得到，通过频率的 TCL 约束方法为：create＿generated＿clock－name clk＿i25＿2－

source［get _ ports sys _ clk _ i25］－divide _ by 2［get _ pins｛FF1/Q｝］。

在 Vivado 中，也可以通过沿的方式对生成时钟 clk _ i25 _ 2 进行约束，约束方法为：create _ generated _ clock－name clk _ i25 _ 2－source［get _ ports sys _ clk _ i25］－edges｛1 3 5｝－edge _ shift｛0.0 0.0 0.0｝［get _ pins｛ FF1/Q｝］。其中－edges 定义了生成时钟 clk _ i25 _ 2 的变化沿，－edge _ shift 定义了生成时钟 clk _ i25 _ 2 相对于时钟 sys _ clk _ i25 沿相位差。

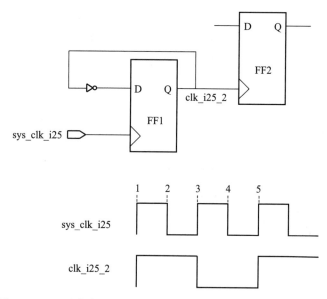

图 6 - 47　通过寄存器和组合逻辑搭建的分频器产生时钟时序约束

2）相移及占空比改变。图 6 - 48 中，生成时钟 clk _ i25 与时钟 sys _ clk _ i25 同频率，但时钟 clk _ i25 占空比为 25％，上升沿与时钟 sys _ clk _ i25 相差 20 ns。对生成时钟 clk _ i25 的时钟约束如下：create _ generated _ clock－name clk _ i25－source［get _ ports sys _ clk _ i25］－edges｛1 23｝－edge _ shift｛20.0 0.0 20.0｝［get _ pins｛mmcm _ 1/clkout｝］。

3）生成时钟选项说明。在生成时钟时序约束界面，存在两个选项，即－combinational 和－add，－combinational 选项为仅通过组合追踪上级时钟。在图 6 - 49 中，选择器的两路中一路为时序逻辑，一路为组合逻辑，若在时序约束中只考虑组合逻辑上的延时时，在生成时钟约束时添加－combinational 选项。

－add 选项为后面时序约束不覆盖前面时序约束时，添加－add 选项。

（3）时钟延时约束

在可编程逻辑器件中，时钟延时包含两部分：source 和 network 两部分，source latency（时钟源延时）也叫插入延时，指时钟信号从实际时钟原点到设计中时钟定义点的传输时间；network latency（时钟网络延时）指时钟信号从其定义点到寄存器时钟引脚传输时间。图 6 - 50 中描述了片外时钟延时和片内时钟延时。

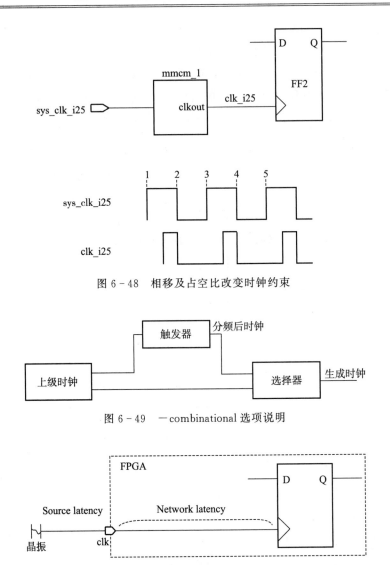

图 6 - 48　相移及占空比改变时钟约束

图 6 - 49　一 combinational 选项说明

图 6 - 50　时钟延时

假如源延时最小为 0.1 ns，最大为 0.3 ns，要求时钟网络延时最大为 1 ns。时序约束如下：

set_clock_latency — clock[get_clocks clk] — source — early 0.1

set_clock_latency — clock[get_clocks clk] — source — early 0.3

set_clock_latency — clock[get_clocks clk] — max 1

（4）时钟不确定性

时钟不确定性分两方面，一方面是单一时钟的不确定性，另一方面为两个时钟间的不确定性，时钟间的不确定性总是优先于单个时钟的不确定性。在 Vivado 中通过 set_clock _uncertainty 命令进行设置。

假设 clk1 和 clk2 之间的时钟不确定性为 2 ns，clk1 时钟的不确定性为 1 ns，时序约束如下：

```
set_clock_uncertainty−from[get_clocks clk1]−to[get_clocks clk2]2.000
set_clock_uncertainty 1.000[get_clocks clk1]
```

（5）设置时钟组

在 Vivado 中，默认情况下，时序分析会分析所有时钟之间的路径时序。设置时钟组后，Vivado 不会对不同时钟组的时钟之间进行时序分析，但需要说明的是，设置时钟组的目的是为了保证设计在硬件中能正常工作，因此必须确保这些忽略了时序分析的路径有合适的再同步电路或异步数据传输协议。

划分时钟组通常有两个依据：原理图或时钟网络报告中的时钟树拓扑图，判断哪些时钟不应该放在一起做时序分析；时钟交互报告查看两个时钟间存在的约束，判断它们是否有共享的主时钟（代表是否有已知的相位关系）或者是否有公共周期。

1）异步时钟组。对于异步时钟，在没有设置异步时钟组时，时序分析也会得到一个裕量值，但这个值不可作为可靠结果。在 Vivado 中通过 set_clock_groups 命令设置异步时钟组。

例如：时钟 clk0 产生了 clka 和 clkb 时钟，时钟 clk1 产生了时钟 clkc 和 clkd，但 clk0 和 clk1 之间为异步时钟。

可以通过时钟名对其约束分组：set_clock_groups−name GP_clk0_clk1−asynchronous−group [clk0 clka clkb]−group [clk1 clkc clkd]。

也可以不列举生成时钟名，用−include_generated_clocks 来进行约束：set_clock_groups−name clk0_clk1−asynchronous−group [get_clocks−include_generated_clocks clk0]−group [get_clocks−include_generated_clocks clk1]。

2）互斥时钟组。在一些设计中，存在几个操作模式，不同操作模式使用不同的时钟。这些时钟通常由专用的时钟选择器进行选择，如 BUFGMUX 和 BUFGCTRL，最好不要用 LUT 作时钟选择器。这种情况下，几个时序时钟同时存在时钟树上，但在使用中这是不可能的，它们之间是互斥的，这些时钟便称作互斥时钟。

例如：时钟 clk0 通过 MMCM 模块产生了两个时钟 clka 和 clkb，时钟 clka 和 clkb 接在 BUFGMUX 的输入端，通过逻辑控制哪个时钟作为 BUFGMUX 的输出。此种情况下，若不对 clka 和 clkb 进行互斥时钟组约束，Vivado 则会分析 clka 和 clkb 之间的路径，没有意义。在设置互斥时钟组时，有两个命令：−logically_exclusive 和−physically_exclusive。在 Xilinx FPGA 中，两者功能相同，没有区别。针对 clka 和 clkb 的互斥约束为：set_clock_groups−name clka_clkb−physically_exclusive−group [get_clocks clka]−group [get_clocks clkb]。

（6）设置时钟抖动

对于 ASIC 器件来说，时钟抖动通常代表了时钟不确定性特征；但对于 Xilinx FPGA 而言，抖动属性被当作可预测变量看待。抖动有的需要单独设置，有的在时序分析过程中自动计算。抖动分为输入抖动和系统抖动。

1）输入抖动。输入抖动指实际时钟边沿与理想时钟边沿到达时刻之间的差值，使用 set＿iput＿jitter 命令为每个主时钟单独设置输入抖动。但是不能为生成时钟设置输入抖动，这部分由工具自动计算。

对于生成时钟的抖动，有以下两种情况：一是生成时钟由一个组合或时序单元创建，生成时钟的抖动与上级时钟相同；二是生成时钟由 MMCM 或 PLL 驱动，生成时钟的抖动为一个自动计算的值。

对输入时钟 clk 设置 1 ns 的输入抖动：set＿input＿jitter［get＿clocks clk］1.000。

2）系统抖动。系统抖动指电源噪声、板级噪声或其他原因引起的整体的抖动，对于整个设计，使用 set＿system＿jitter 命令设置一个值即可，会应用到所有时钟。

设置 0.5 ns 系统抖动：set＿system＿jitter 0.100。

6.3.2.2.2　输入延时约束

对可编程逻辑器件的输入端口进行最大最小延时约束是为了让可编程逻辑器件开发工具能够尽可能地优化从输入端口到第一级触发器之间的路径延时，使其能够保证系统时钟可靠地采集到外部芯片输入到 FPGA 的信号和数据。

注意，在 Vivado 中，输入延时是以时钟的发送沿为参考，到达可编程逻辑器件端口的延时时间。而在 ISE 中，输入延时以捕获沿为参考，在它之前的一段时间内，数据有效。

本部分针对数据同步接口进行输入延时约束时，数据同步接口按系统级分为系统同步接口和源同步接口。

（1）系统同步接口

图 6-51 中，源端和目的端共用一个系统时钟 Clk，源端数据在时钟 clks 发送沿后经 Tco 和 Tdata 延时后到达目的端的输入端口，时钟 Clk 到达源端和目的端的延时分别为 Tclks 和 Tclkd，传输时序如图 6-52 所示。

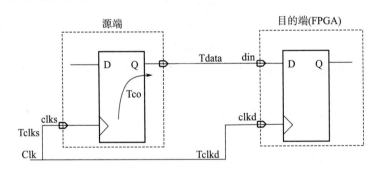

图 6-51　系统同步接口

通过图 6-52 可以分析出，在 Vivado 中，输入延时为：input＿delay＝Tco＋Tdata＋Tclks－Tclkd。在进行输入延时约束时，需对其最大延时和最小延时进行约束，最大延时用于 setup 分析（包含有板级走线和外部器件的延时），最小延时用于 hold 分析（包含有板级走线和外部器件的延时）。在图 6-52 中可以得出：

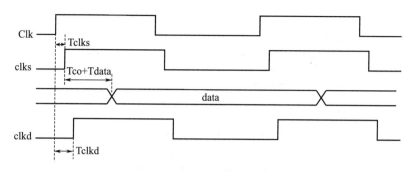

图 6-52　系统同步传输时序

输入延时的最大值为：input _ delaymax ＝ Tcomax ＋ Tdatamax ＋ Tclksmax － Tclkdmin。

输入延时的最小值为：input _ delaymin ＝ Tcomin ＋ Tdatamin ＋ Tclksmin － Tclkdmax。

假如 Clk 时钟周期为 20 ns，Tco 的最大值为 1 ns，最小值为 0.3 ns，Tdata 的最大值为 2 ns，最小值为 1 ns，且不考虑系统时钟的 skew（即不考虑 Tclks 和 Tclkd）时，输入延时约束如下：

```
create_clock − period 20.000 − name TS_clkd − waveform {0.000 10.000}[get_ports clkd]
set_input_delay − clock[get_clocks TS_clkd] − max 3.0[get_ports din]
set_input_delay − clock[get_clocks TS_clkd] − min 1.3[get_ports din]
```

（2）源同步接口

为了改进系统同步接口中时钟频率受限的弊端，一种针对高速 I/O 的同步时序接口应运而生，在发送端将数据和时钟同步传输，在接收端用时钟沿脉冲来对数据进行锁存，重新使数据与时钟同步，这种电路就是源同步接口电路。源同步接口最大的优点就是大大提升了总线的速度，在理论上信号的传送可以不受传输延迟的影响。

图 6-53 中，源端的时钟和数据同时发送到目的端，源端数据在时钟 clks 发送沿后经 Tco 和 Tdata 延时后到达目的端的输入端口，源端时钟经 Tclk 延时到达目的端的输入端口，在目的端，用发送来的时钟对数据进行采样。传输时序如图 6-54 所示。

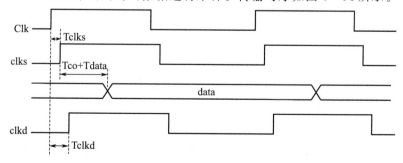

图 6-53　源同步接口

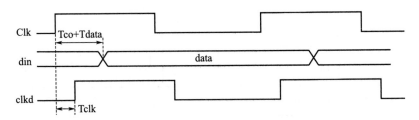

图 6-54　源同步传输时序

通过图 6-54 可以分析出在 Vivado 中，输入延时为：input_delay＝Tco＋Tdata－Tclk。在进行输入延时约束时，须对其最大延时和最小延时进行约束，在图 6-54 中，输入延时的最大值为：input_delaymax＝Tcomax＋Tdatamax－Tclkmin，输入延时的最小值为 input_delaymin＝Tcomin＋Tdatamin－Tclkdmax。

假如 Clkd 时钟周期为 20 ns，Tco 的最大值为 1 ns，最小值为 0.3 ns，Tdata 的最大值为 2 ns，最小值为 1 ns，Tclk 的最大值为 1 ns，最小值为 0.8 ns，输入延时约束如下：

```
create_clock － period 20.000 － name TS_clkd － waveform {0.000 10.000}[get_ports clkd]
set_input_delay － clock[get_clocks TS_clkd] － max 2.2[get_ports din]
set_input_delay － clock[get_clocks TS_clkd] － min 0.3[get_ports din]
```

在 DDR 接口中，由于在时钟上升沿和下降沿均会进行数据采样，如图 6-55 所示。

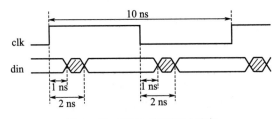

图 6-55　DDR 接口延时时序

在上升沿数据相对于时钟的最小延时为 1 ns，最大为 2 ns；在下降沿数据相对于时钟的最小延时为 1 ns，最大为 2 ns，其时序约束如下：

```
set_input_delay － clock clk － max 2[get_ports din]
set_input_delay － clock clk － min 1[get_ports din]
set_input_delay － clock clk － max 2[get_ports din] － clock_fall － add_delay
set_input_delay － clock clk － min 1[get_ports din] － clock_fall － add_delay
```

－clock_fall 指定为相对于时钟下降沿，否则为上升沿。－add_delay 是为了保证后面的时序约束不覆盖前面约束。

6.3.2.2.3　输出延时约束

输出延时约束设定输出端口上相对于设计接口时钟边沿的输出路径延时。输出延时既指数据从可编程逻辑器件的输出管脚通过板级传输到另一个器件间的相位差，也指相对参考板级时钟间的相位差。输出延时同样可以为正也可为负，由时钟和数据在器件外的相位决定。

本部分针对数据同步接口进行输出延时约束，数据同步接口按系统级分为系统同步接口和源同步接口。

（1）系统同步接口

系统同步接口之间只传递数据信号，时钟信号的同步完全依靠板级设计来对齐，所以设置约束时要考虑的仅仅是下游器件的 Tsu/Th 和数据在板级的延时。图 6 - 56 中，源端和目的端共用时钟 Clk，源端到目的端的板级延时为 Tdata，目的端正确采样所需的建立、保持时间分别为 Tsu 和 Th，在不考虑时钟延时的情况下，设置最大输出延时为 $Tdata_{max}$ ＋Tsu，设置最小延时为 $Tdata_{min}$ －Th。

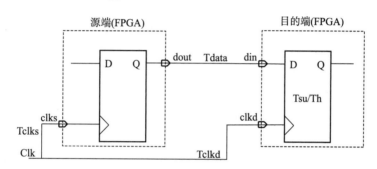

图 6 - 56　系统同步接口

假如 Clk 时钟周期为 10 ns，Tdata 的最大值为 0.5 ns，最小值为 0.2 ns，目的端 Tsu 为 1 ns，Th 为 0.4 ns，则输出端口时序约束如下：

create_clock － period10. 000 － name TS_clks － waveform {0.000 5.000}[get_ports clks]

set_output_delay － clock[get_clocks TS_clks] － max 1. 5[get_ports dout]

set_output_delay － clock[get_clocks TS_clks] － min － 0. 2[get_ports dout]

在 set _ output _ delay 中，－max 指数据在采样时钟沿之前保持稳定的时间，－min 指数据在采样时钟沿之后保持稳定的时间。

（2）源同步接口

源同步接口的输出延时有两种方法可以设置约束。方法一称作 Setup/Hold Based Method，与上述系统同步接口的设置思路基本一致，仅需要了解下游器件用来锁存数据的触发器的 Tsu 与 Th 值与系统板级的延时便可以设置。方法二称作 Skew Based Method，此时需要了解可编程逻辑器件送出的数据相对于时钟沿的关系，根据 Skew 的大小和时钟频率来计算如何设置输出延时约束，如图 6 - 57 所示。

Setup/Hold Based Method：此种方法的输出延时设置与系统同步一致，最大延时为 Tdelay＋Tsu，最小延时为 Tdelay－Th。在源同步中，一般数据域时钟同步传输，板级延时 Tdelay 一般可认为为 0。

Skew Based Method：为了把同步数据相对于时钟沿的 Skew 限定在一定范围内，我

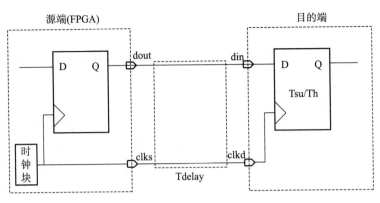

图 6-57　源同步接口

们可以基于 Skew 的大小来设置源同步输出接口的约束。此时可以不考虑下游采样器件的
Tsu 与 Th 值。

用此种方法定义 set_output_delay 时，−max 和−min 分别代表时钟采样沿到达之
前最大与最小的数据有效窗口。

针对图 6-58 中的时序信息，−max 的值应为：时钟周期（clks）−are_skew，−
min 的值应为：bre_skew。

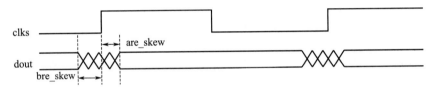

图 6-58　基于 Skew 的输出延时约束

下面针对 DDR 接口，分别在 Setup/Hold Based Method 和 Skew Based Method 两种
方法下进行输出时序约束。

Setup/Hold Based Method：图 6-59 中，时钟 clk_s 的周期为 10 ns，接收端上升沿
采集数据所需建立时间 Tsu_r 为 0.6 ns，接收端上升沿采集数据所需保持时间 Th_r 为
0.2 ns，接收端下降沿采集数据所需建立时间 Tsu_f 为 0.7 ns，接收端下降沿采集数据所
需保持时间 Th_f 为 0.1 ns，不考虑板级走线延时。则 DDR 输出延时约束为：

```
create_clock − period10. 000 − name TS_clk_s − waveform {0. 000 5. 000}[get_ports clk_s]
set_output_delay − clock[get_clocks TS_clk_s] − max 0. 6[get_ports dout]
set_output_delay − clock[get_clocks TS_clk_s] − min − 0. 2[get_ports dout]
set_output_delay − clock[get_clocks TS_clk_s] − max 0. 7[get_ports dout] − clock_fall − add_delay
set_output_delay − clock[get_clocks TS_clk_s] − min − 0. 1[get_ports dout] − clock_fall − add_delay
```

Skew Based Method：图 6-60 中，时钟 clk_s 的周期为 10 ns，上升沿之前数据
skew（bre_skew）为 0.6 ns，上升沿之后数据 skew（are_skew）为 0.3 ns，下降沿之

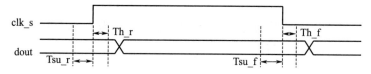

图 6-59　基于建立、保持时间的 DDR 输出时序约束

前数据 skew（bfe _ skew）为 0.5 ns，下降沿之后数据 skew（afe _ skew）为 0.3 ns。则 DDR 输出延时约束为：

create_clock — period10. 000 — name TS_clk_s — waveform {0. 000 5. 000}[get_ports clk_s]

set_output_delay — clock[get_clocks TS_clk_s] — max（5 — afe_skew）[get_ports dout]

set_output_delay — clock[get_clocks TS_clk_s] — min0. 6[get_ports dout]

set_output_delay — clock[get_clocks TS_clk_s] — max（5 — are_skew）[get_ports dout] — clock_fall —

add_delay

set_output_delay — clock[get_clocks TS_clk_s] — min0. 5[get_ports dout] — clock_fall — add_delay

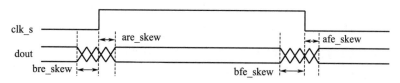

图 6-60　基于 Skew 的 DDR 输出时序约束

6.3.2.2.4　例外约束

在例外时序约束中，主要对多周期路径，false 路径和组合逻辑路径进行约束，下面分别进行讲述。

（1）多周期路径约束

若两个触发器之间组合逻辑延时超过了一个时钟周期，则这条组合路径就为多周期路径。在单周期路径中，建立时间、保持时间检查点如图 6-61 所示。

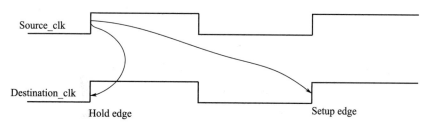

图 6-61　单周期建立、保持时间检查点

保持时间的检查是以建立时间的检查为前提，即总是在建立时间检查的前一个时钟周期确定保持时间检查。

对于多周期路径来说，在默认情况下，对建立时间、保持时间检查点还在图 6-61 中所示位置，则显然是不合适的，故为得到正确的时序分析结果，须对多周期路径进行约束。

图 6-62 中，时钟 Clk 的周期为 10 ns，加法器延时约为 6 个时钟周期，下面分别对建立时间和约束时间进行保持分析。

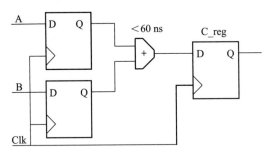

图 6-62　多周期路径约束

1）建立时间约束分析。默认的建立时间约束将在 10 ns 的时候对 C_reg 进行建立时间是否满足的分析。很显然，默认的时序约束会使寄存器的数据输入引脚 C_reg/D 信号变化，不满足建立时间（setup）的要求，将产生亚稳态，寄存器 C_reg 的输出为不定态。也就是一个时钟周期的约束不能满足约束要求。

根据对路径分析，路径延时约为 6 个时钟周期，则可以对此条路径进行以下多周期路径约束，以得到正确的建立时间分析结果。

set_multicycle_path 6 — setup　— to　[get_pins　C_reg[*]/D]

通过这条命令，将在第 6 个上升沿，即 60 ns 做建立时间的分析（也就是间隔 6 个时钟周期后再做建立时间分析）。对应的时序关系如图 6-63 所示。

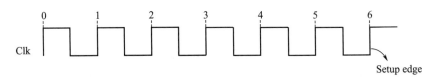

图 6-63　多周期约束后建立时间分析

2）保持时间约束分析。在对建立时间多周期约束之后，对保持时间采用默认约束，则时序分析工具会在 50 ns 时刻分析保持时间（默认的保持分析时间在建立分析的前一周期），默认的保持时间分析时序如图 6-64 所示。

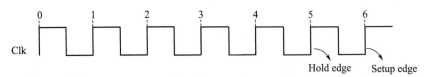

图 6-64　默认的保持时间分析时序

在默认情况下，保持时间时序分析同样不会满足要求，因为在时间为 60 ns 的时刻，引起寄存器 C_reg 的 D 引脚信号变化的是时钟 Clk 在 0 时刻的触发沿，故对保持时间进行分析时，保持时间的分析点应为 0 时刻，即保持时间分析应提前 5 个时钟周期，从 50 ns 提前到 0 ns。多周期路径保持时间约束如下：

```
set_multicycle_path  5  — hold  — to  [get_pins  C_reg[ * ]/D]
```

保持时间约束后的分析时序如图 6-65 所示。

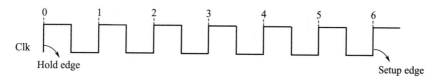

图 6-65　多周期约束后保持时间分析

在上面的例子中，触发器 A 和 B 到触发器 C_reg 的路径均为多周期路径，实际中可能存在只有其中一条为多周期路径，如图 6-66 所示。

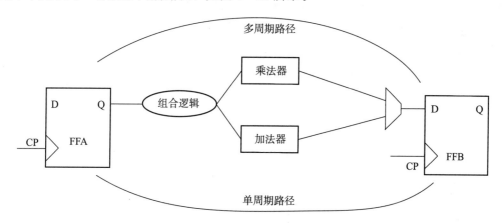

图 6-66　部分路径为多周期路径

图 6-66 中，寄存器间的乘法运算为两个时钟周期，加法运算为一个时钟周期，在此种情况下，多周期约束如下所示：

```
set_multicycle_path 2  — setup  — from  FFA/CP  — through  Multiply/Out  — to FFB/D
set_multicycle_path 1  — hold  — from  FFA/CP  — through  Multiply/Out  — to FFB/D
```

（2）false 路径约束

在设计中，进行 false 路径约束，可以减少工具运行优化时间，增强实现结果，避免在不需要进行时序约束的地方花较多时间而忽略了真正需要进行优化的地方。

一般以下三种情况须进行 false 路径约束。

1）在逻辑上不可能存在的路径。图 6-67 中，Mux_1 和 Mux_2 是两个多路选择器，两个多路选择器的使能信号是相反的，经分析可发现，Mux_1 的 S1 端口是不可能经过 Mux_2 的 S1 端口到达 Mux_2 的 D 端口的，同理 Mux_1 的 S2 端口是不可能经过 Mux_2 的 S2 端口到达 Mux_2 的 D 端口。于是综合工具对这两条路径进行分析就没有意义，即这两条路径就是 false 路径。

set_false_paths — through Mux_1/S1 — through Mux_2/S1

set_false_paths — through Mux_2/S2 — through Mux_2/S2

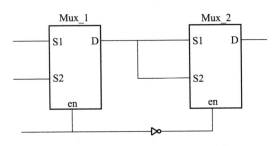

图 6-67　逻辑上不可能存在的路径

2）跨时钟域路径。针对跨时钟域路径，由于没有稳定的相位关系，对其进行路径时间约束没有实际意义。在跨时钟域设计中，只要进行了同步处理（同步器或者 fifo 等），可以不对时钟域之间的路径进行分析。

图 6-68 中时钟 clk1 和时钟 clk2 为异步时钟，针对图中椭圆路径进行 false 约束如下：

set_false_path — from[get_pins reg1|clk] — to[get_pins reg2|datain]

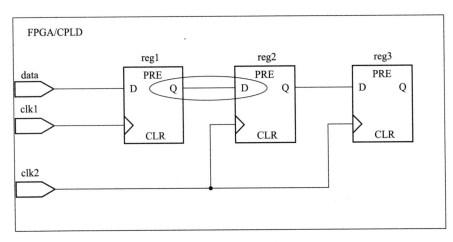

图 6-68　跨时钟域路径

如果对时钟 clk1 和时钟 clk2 之间所有跨时钟域路径进行 false 路径约束，约束如下：

set_false_paths — from[get_clocks clk1] — to[get_clocks clk2]

set_false_paths — from[get_clocks clk2] — to[get_clocks clk3]

也可以通过时钟组约束使工具不对 clk1 和 clk2 之间的跨时钟域路径进行分析，约束如下：

set_clock_groups — physically_exclusive — group[get_clocksclk1] — group[get_clocks clk2]

3）信号或数据为固定值。在设计中，如果信号或者数据为固定值，则也可以不对其进行路径分析。

（3）组合逻辑路径约束

在可编程逻辑器件软件设计中，存在从端口到端口的路径均为组合逻辑情况，如图 6－69 所示，这种情况下，时钟约束、输入/输出约束已没有意义，因为路径中只有组合电路的延时，与时钟无关。因此在有必要的情况下，可以对组合逻辑延时进行约束。

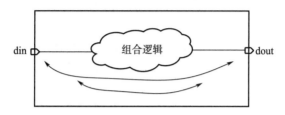

图 6－69　端到端延时约束

假设端口 din 到端口 dout 的延时要求为最大 5 ns，最小 1 ns，其约束如下：

set_max_delay－from[get_portsdin]－to[get_ports dout]5.0

set_max_delay－from[get_portsdin]－to[get_ports dout]1.0

当端口 din 到端口 dout 有多条组合路径时，可以通过－through 来指定对某条路径进行约束。同时 set_max_delay 不仅可以指定端口间的延时，也可以指定其他元件（如cell）间自检的组合路径延时。

6.3.3　典型时序优化方法

6.3.3.1　更改优化设置

经静态时序分析后，发现时序结果没有达到要求时，可以通过更改工程设置选项进行时序优化。例如在 Quartus 中，可以在优化选项中选择 Speed、Balance 和 Area，如图 6－70 所示。

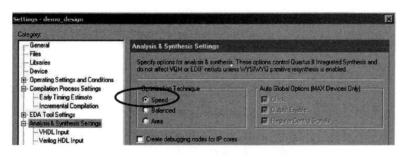

图 6－70　Quartus 中优化选项设置

在 Vivado 中优化设置选项更多，分综合优化选项和布局布线优化选项，可以选择不同的优化选项实现各种优化组合。Vivado 中优化选项如图 6－71 所示。

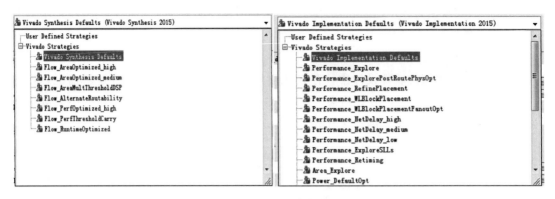

图 6 - 71　Vivado 中优化选项

6.3.3.2　寄存器重定时

重定时是一种时序优化技术，用在不影响电路输入/输出行为的情况下跨组合逻辑寄存器从而提高设计性能。重定时效果示意图如图 6 - 72 所示。

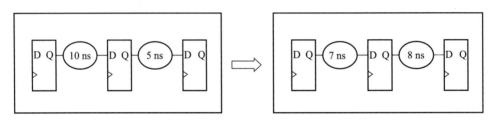

图 6 - 72　重定时效果示意图

图 6 - 72 中，在重定时前两级触发器的路径最大延时为 10 ns，而在重定时后，最大路径延时为 8 ns，进而说明通过重定时，优化了程序结构，从而提高了程序性能。

6.3.3.3　组合逻辑中插入寄存器

在同步设计中，设计节点大多都是参考时钟沿，那么如果寄存器和寄存器之间的逻辑路径过长，就会成为拖累设计的关键路径，这时就可以考虑在该路径上插入额外的寄存器，一般把这额外的寄存器插在逻辑路径中间位置。这也称为插入流水线，额外插入的寄存器时钟周期延时并不会违反整个设计的规范，也不影响吞吐量，并改善了设计的时序性能，如图 6 - 73 所示。

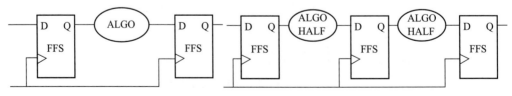

图 6 - 73　组合逻辑中插入寄存器

6.3.3.4　逻辑复制

逻辑复制是指当某个信号扇出比较大时，会造成该信号到各个目的逻辑节点的路径变得过长，从而成为设计中的关键路径，为了解决这个问题，可以通过在书写代码时对该信号进行复制，达到分担该信号扇出过大的目的，进而提高时序性能。图 6-74 说明了逻辑复制的方法。

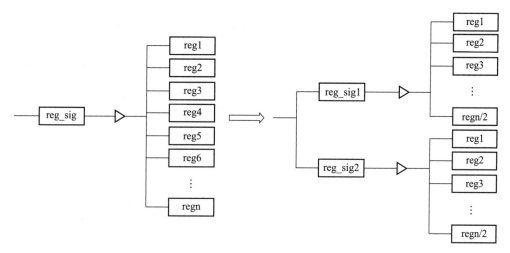

图 6-74　逻辑复制

6.3.3.5　优化复位信号设计

为保证复位信号能够被稳定采样且资源利用合理，在 FPGA 复位架构设计中，一般对外部输入的复位信号进行"异步复位，同步释放"处理。具体处理方式如图 6-75 所示。

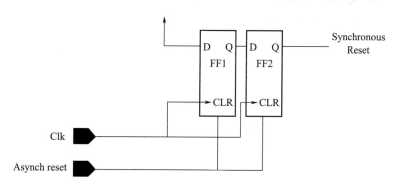

图 6-75　异步复位、同步释放

对单一的时钟域可以采用图 6-75 的处理方式进行，但在多时钟域情况下，时钟域之间没有关联性，则建议针对不同的时钟域分别进行"异步复位、同步释放"处理（用约束保证同步器不被综合优化掉），减小复位信号的扇出，提高时序收敛能力。此种情况复位信号设计如图 6-76 所示。

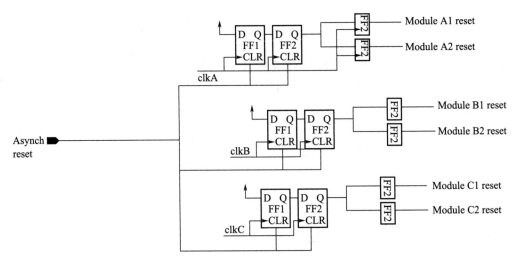

图 6-76　多时钟域复位信号设计

6.3.3.6　采用并行结构

与通常所说的通过增加并行路数从而提高吞吐量的并行架构不同，这里指的是通过重新组织组合逻辑的结构，来优化关键路径。

例如一个四输入（输入信号为 a、b、c、d）加法器，若采用串行结构，其关键路径为三级加法器。

assign sum1 = a + b；

assign sum2 = sum1 + c；

assign sum = sum2 + d；

如采用并行结构，则其关键路径为二级触发器。

assign sum1 = a + b；

assign sum2 = c + d；

assign sum = sum1 + sum2；

通过采用并行结构，减少了路径延时。

6.3.3.7　尽量避免使用大位宽逻辑

在某设计中，工作时钟为 50 MHz，要求实现 1 s 计数，可通过以下两种设计方法来实现。

1）直接用一个大计数器完成 1 s 计数，计数器位宽为 26 bit（计数器最大值 0x 2FAF080）；

2）先实现 1 μs 计数，再用 1 μs 实现 1 ms 计数，再用 1 ms 实现 1 s 计数，计算器最大位宽为 10 bit。

通过比对上面两种设计方法，第二种设计方法用到的计数器位宽远小于第一种设计方法，在寄存器采样时采样窗口更大，故在时序分析时，第二种设计方法时序更容易收敛。

6.3.3.8　其他措施

在进行时序优化时，还可以考虑采用以下几种措施。

1）检查是否存在异步路径，异步路径先进行 false 路径约束，让工具抓重点。

2）尽量用硬核，比如硬件乘法器。

3）换速度更快的芯片。

4）代码风格规范化。

5）32 bit 的比较器，进位链有点长，可以分段比较，分成 4 个 8 bit 的数据段去比，或者分成两段，先比高 16 位，插寄存器，再比低 16 位。

6.4　测试中发现的典型缺陷

6.4.1　系统设计类

6.4.1.1　同一寄存器同时读写造成冲突

问题描述　在仿真验证过程中发现，某 FPGA 设计中，以固定频率控制 A/D 采样并将转换结果寄存在内部供 DSP 读取，由于未考虑该寄存器可能存在读写冲突，导致 A/D 转换结果可能出错。

原因分析　由于 A/D 采样结果写入对象和 DSP 读取对象均为同一寄存器，DSP 读写操作相对 A/D 转换结果存储为异步操作（即读信号 read_n 未进行同步处理），但二者之间未进行互斥设计，导致 DSP 在新值写入时刻附近读取该寄存器时，读取结果可能为错误值，仿真结果如图 6-77 所示。

```
always @( * ) begin
    if( ! read_n) begin
        case(addr_i)
        16'h0001 : data_o = ad_data;
        16'h0002 : data_o = power_data;
        16'h0003 : data_o = test_data;
        default : data_o = test_data ;
        endcase
    end
end
```

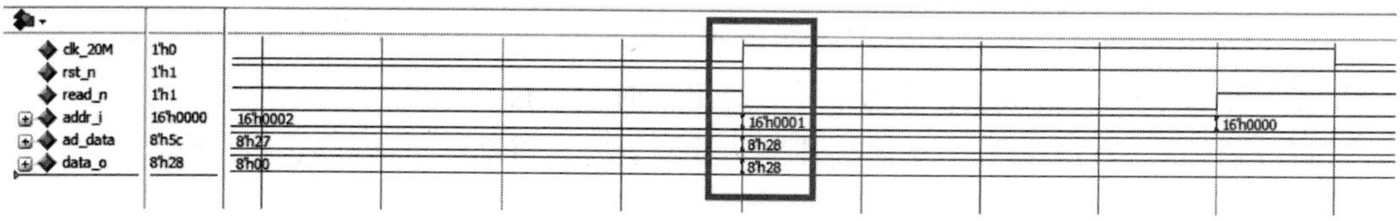

图 6-77　仿真结果

设计启示　对同一资源进行异步读写操作时，应引入互斥或同步化设计方法，避免同时读写同一资源造成冲突，图 6-78 为未进行同步处理的操作，图 6-79 为进行同步处理的操作。

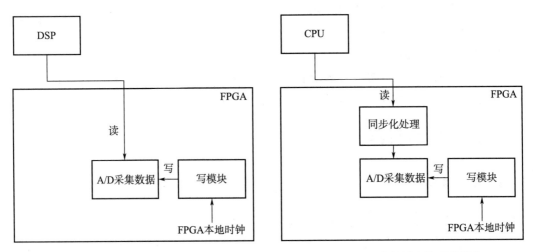

图 6-78　未进行同步处理的操作　　　　图 6-79　进行同步处理的操作

6.4.1.2　FPGA 设计未考虑外围芯片的延时

问题描述　对某 FPGA 产品进行时序仿真时，发现 FPGA 从 Flash 中读数据时，采到的数据为不定态数据。经验证，由于该 FPGA 设计未考虑驱动器 74LS24 芯片的延时，导致时序过于紧张，数据传输过程如图 6-80 所示。

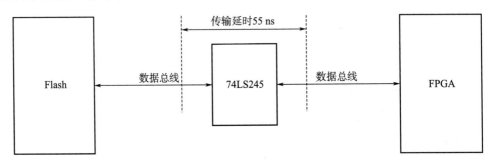

图 6-80　数据传输图

原因分析　由于 FPGA 设计未考虑驱动 74LS24 芯片的信号传输延时，从 FPGA 给 Flash 读信号到 FPGA 收到 Flash（经过 74LS245 驱动芯片）的数据之间的最大延时为 55 ns。但信号板间延时加上 FPGA 内部布局布线延时，对 FPGA 设计来说较大，时序过于紧张，导致 FPGA 对 Flash 数据采样不稳定。时序分析如图 6-81 所示。

设计启示　FPGA 设计应考虑到外围芯片的延时，否则很可能导致时序错误。

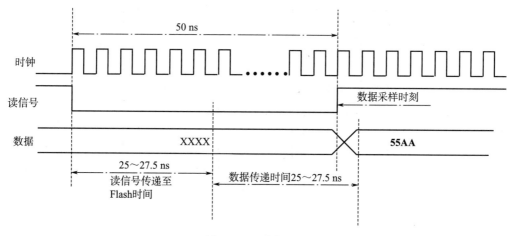

图 6 - 81 时序分析

6.4.1.3 地址译码要考虑竞争的情况

问题描述 在 FPGA 与 MCU 的接口中，FPGA 对 MCU 的地址信号进行译码，并根据译码结果对 FPGA 进行相应的读写操作。但在 FPGA 对 MCU 地址信号进行译码时采用了部分地址译码对 FPGA 进行读写操作，造成译码条件在逻辑上的不完整和逻辑重合，并最终造成了译码结果的重合，导致了 MCU 总线操作竞争现象。

原因分析 设计人员认为地址信号有 MCU 保证，不会发送未定义的地址范围，因此只对部分地址线进行了判断。

设计启示 设计中须将译码范围考虑完整。

6.4.1.4 中断处理未考虑中断冲突及干扰引起的误判

问题描述 在对某 FPGA 进行仿真验证过程中，对 FPGA 输入 CAN 总线备份中断干扰毛刺，发现 FPGA 的 CAN 总线主份通信中断。

原因分析 FPGA 软件未对中断信号进行滤波处理，当线路上的干扰导致 CAN 备份中断误判，CAN 主份中断被备份中断打断，导致主份中断无法响应，最终导致 CAN 总线主份通信中断。

设计启示 在确定主备份中断处理机制时，应考虑中断冲突情况，同时还应考虑干扰（如毛刺）引起的中断信号误判问题。

6.4.1.5 中断设计应该明确清晰

问题描述 某设计中由 1553B 总线产生多种中断信号，例如 A 中断、B 中断、C 中断等（如图 6 - 82 所示），且使用同一中断信号输出，直接送给 FPGA，在验证过程中，对 FPGA 输入 B 中断或 C 中断，导致 FPGA 错误认为此中断为 A 中断，产生了 A 中断响应时序，导致错误操作。

原因分析 未能明确 DSP 中断与 FPGA 中断的对应关系，导致对此中断处理错误。

设计启示 软件研制人员在进行程序设计时，仅考虑软件本身的功能是不够的，需要考虑本软件与周围接口器件的交互。

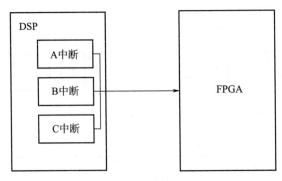

图 6-82 中断示意图

6.4.1.6 数据通信应设置握手或校验机制

问题描述   FPGA 在初始化过程中需要通过 IIC 总线读取 Flash 中的加载数据，然后对串口波特率等工作参数进行配置，在某实验中发现该设备串口通信异常。

原因分析   FPGA 程序设计时，未对 IIC 读函数返回标志进行有效性判断，且未对读取数据的有效性进行校验，由此使用了错误的工作参数对串口进行配置，导致该设备串口通信异常。

设计启示   在进行数据通信时，要确保数据的正确性后再使用，必要的情况下在数据通信中应设计握手或校验机制。

6.4.1.7 数据需要分多次读取时，应保证不会出现错误的拼帧

问题描述   当一个数据需要分多次读取时，FPGA 没有对数据进行锁存，在数据读到一半时，数据缓存区更新，导致 CPU 读取的数据前一半为旧数据，后一半为新数据，出现错误拼帧现象，如图 6-83 所示。

原因分析   该问题主要原因是 FPGA 没有数据锁存，应保证在读取数据过程中，数据更新不会对此次读取数据产生影响，如图 6-84 所示。

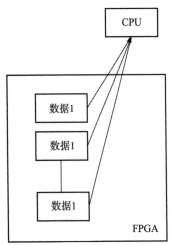

图 6-83 直接读取数据，可能拼帧

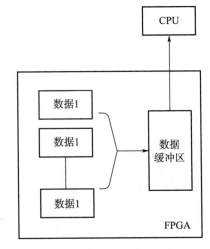

图 6-84 数据统一锁存后读出

　　设计启示　数据帧需要被多次读取时，应设计数据缓存区，保证整帧数据的完整，无其他数据掺杂。

6.4.1.8　小结

　　在开展 FPGA 设计时，应充分考虑该配置项与所在系统的其他配置项之间的关系，包括接口协议、时序配合的相关内容。

　　1）在使用 DSP/CPU＋FPGA 架构时，要充分考虑 DSP 软件与 FPGA 软件之间的时序配合，避免读写冲突、时序冲突、动作不匹配的情况的出现；

　　2）系统实现时，要考虑各种极端情况、芯片外延时、地址竞争、中断冲突的异常情况，必要时应设计相应的处理方案；

　　3）中断信号设计时应该明确具体含义，尽量避免使用同一中断信号输出多个中断。

6.4.2　接口设计类

6.4.2.1　接口未进行防抖动设计

　　问题描述　某控制器，由 FPGA 对输入的转速脉冲进行计数并供 DSP 读取，在动态实物测试中发现转速偶尔不正常。

　　原因分析　FPGA 设计中没有考虑外部输入信号存在毛刺，直接将输出的转速脉冲作为脉冲计数寄存器的时钟信号，从而导致计数结果存在偏差。

　　设计启示　对外部输入的脉冲信号应进行防抖动设计，避免毛刺造成错误计数。

6.4.2.2　外部接口输入信号应进行抗干扰处理

　　问题描述　某 FPGA 设备与 DPU 接口没有进行抗干扰处理，可导致读/写操作时数据总线冲突。

　　原因分析　FPGA 对 DPU 数据总线的处理为电平触发，并没有做抗干扰处理（DPU 的读写和片选信号均为外部输入），如果 DPU 正在对 FPGA 进行写操作（写信号和片选低有效，读信号为高电平），此时若读信号存在低电平干扰，将会产生 DPU 和 FPGA 同时对数据总线进行写操作，导致数据总线数据冲突。

　　设计启示　FPGA 对 DPU 接口控制信号应做抗干扰处理，避免产生错误读写操作。

6.4.2.3　帧协议判断应采取多帧头、帧头加帧尾、滑窗等判断方式

　　问题描述　在对某 FPGA 软件进行长时间强度测试时发现，数据接收处理存在丢帧现象。

　　原因分析　在对数据进行分析时发现，有效数据中存在帧头（EB55H），当 FPGA 软件接收到该数据时误判为帧头，重新进行一帧数据接收，导致该帧数据丢失。

　　设计启示　在 FPGA 软件设计时应增长数据帧头，可大概率减少有效数据中出现帧头的现象，同时对于帧协议的判断可采取帧头加帧尾、滑窗、校验等方式。

6.4.2.4　对外部芯片进行控制时，相关操作要严格遵循手册要求

　　问题描述　在对某 FPGA 软件进行动态实物测试时发现，A/D 采集的数据偶尔会出

现坏值。

　　原因分析　因 AD7656 芯片手册中给出 T_{conv} 的典型时间为 3 μs（如图 6-85 所示），FPGA 软件启动对 AD7656 转换后，未考虑信号的传输延时，在等待 3 μs 后开始读取 A/D 转换数据，此时 A/D 的数据可能不稳定，对 AD7656 操作应严格按照芯片手册要求，应在 BUSY 信号下降沿后开始读取 A/D 数据，此时的 A/D 数据为稳定数据。

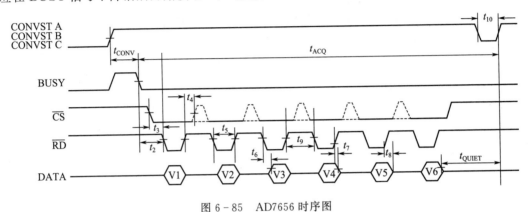

图 6-85　AD7656 时序图

　　设计启示　在对外部芯片进行控制时，应严格遵循器件手册的要求。

6.4.2.5　小结

　　接口设计时 FPFA 设计早期需要考虑 TVE QQ 问题，这里的接口设计主要指外部接口设计。在高可靠性设计中，特别要关注接口中的抗干扰设计等方面。

　　1）应该对关键输入信号采取滤波、抗干扰设计；

　　2）帧协议判断应采取对帧头、帧头＋帧尾、滑窗等判断方式；

　　3）接口设计中，应考虑总线切换、多种工况、异常处理的极端情况；

　　4）当存在外部芯片的控制时，相关操作要严格遵循手册要求。

6.4.3　时钟/跨时钟域处理类

6.4.3.1　不应把寄存器输出的信号直接作为时钟使用

　　问题描述　对某 FPGA 软件时序仿真中发现 FPGA 输出的时钟存在毛刺，在功能仿真中没有发现该问题，在实际的硬件电路上未发生该问题。

　　原因分析　由于从输入的全局时钟 gclk 到 A 接口输出时钟 clkout 的电路出现了两个时钟域，计数器电路的时钟为 gclk 的 4 分频时钟，虽然该时钟已经挂到了二级全局网络，但仍有一定的时钟偏移，而 Cnt 计数器有 9 位，代码对其进行了较复杂的逻辑组合判断，可能会有一段时间的亚稳态，此时使用较快的时钟去采样，就会出现上述情况，如图 6-86 所示。

　　设计启示　应尽量使用全局时钟，并尽可能减少 FPGA 的时钟数量，在资源足够的情况下，不应把寄存器输出的信号作为时钟。

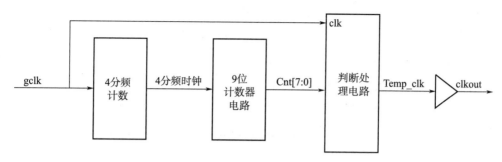

图 6 - 86　接口输出时钟 clkout 设计流程图

6.4.3.2　设计中应避免使用组合逻辑产生的时钟

问题描述　某控制器由 FPGA 实现开关控制量输出，由于该设计中直接利用未经同步处理的地址信号、写控制信号以组合逻辑方式产生时钟信号，在其上升沿锁存开关控制量，导致错误的锁存控制信号。

原因分析　组合逻辑的输出容易产生毛刺，直接作为时钟信号使用，导致错误的时钟事件发生，使得输出锁存错误信号。

设计启示　避免直接使用组合逻辑输出作为时钟信号，若必须使用，可通过使能方式或寄存后使用，确保时钟信号无毛刺存在。

6.4.3.3　应避免对时钟信号进行三模冗余设计

问题描述　设计人员为保证设计的可靠性对所有寄存器及时钟进行了三模冗余设计。

原因分析　在 FPGA 进行三模冗余设计的时候，若对时钟进行三模，就会使设计的时钟个数增加三倍，这样不但不利于时序分析，而且在设计中由于走线延时的不确定性使设计中产生多路跨时钟电路，从而产生亚稳态现象。

设计启示　在 FPGA 中进行三模冗余设计时，尽量避免对时钟进行三模设计。

6.4.3.4　时钟分频相位模糊引起相位不确定

问题描述　对某单机进行实物测试时发现两片 FPGA 的数据交换不稳定，每次 FPGA 重新加载后，以一定概率出现数据传输异常。

原因分析　由于两片 FPGA 的系统工作时钟独立，虽然两片 FPGA 的外部输入时钟同源，但它们将输入的外部时钟通过片内 PLL 进行时钟分频和倍频处理，由于存在分频模糊，每次加载程序后，两片 FPGA 系统工作时钟之间相位关系不固定。

设计启示　在不同 FPGA 之间存在信号交互时，需要考虑到时钟相位模糊的影响，采用不同 FPGA 利用统一时钟的方法解决分频模糊问题。

6.4.3.5　使用多时钟时应正确分析时钟间的同步关系

问题描述　某设备 FPGA 软件时钟控制字设置错误。

原因分析　FPGA 中存在两个来自不同时钟源的时钟，在 FPGA 内部分别设置两个时钟的计数器，由于两个时钟域的信号不同步，无法保证两个时钟的固定相位关系，导致经过较长时间形成误差累积，最终导致输出数据错误。

设计启示　使用多时钟时应正确分析时钟间的同步关系。

6.4.3.6　对跨时钟域信号应采取同步处理措施

问题描述　某项目需在不同板卡间通过工控机背板交互信号，对该 FPGA 软件进行实物测试时发现接收数据会出现异常值。

原因分析　信号通过背板实现不同板卡间传输，传输路径比较长，信号特性产生了一定的恶化，在信号电平翻转时容易出现较大的过冲和振荡，若接收端不进行时钟同步处理，可能造成亚稳态，导致数据接收异常。

设计启示　在背板或 FPGA 芯片间传输信号时，须在接收端利用本地时钟同步后再进行后续的处理，避免亚稳态造成不确定性。

6.4.3.7　小结

时钟设计是 FPGA 设计中的关键过程，因为时钟是数字电路的控制器，时钟的质量直接关系 FPGA 设计质量。在时钟设计时，须重点关注：

1）FPGA 中的时钟域尽可能少；

2）避免直接使用寄存器输出、组合逻辑输出作为时钟；

3）避免对时钟信号进行三模冗余设计；

4）跨时钟域的信号应进行正确的同步处理后再使用；

5）应加强时序测试验证工作，如静态时序分析、时序仿真，弥补实物测试的缺陷，保证时序验证的充分性。

6.4.4　复位及初始化类

6.4.4.1　使用复位操作对寄存器进行初始化

问题描述　某 FPGA 使用信号声明初始化方式对内部时间控制寄存器进行赋值，由于控制 FPGA 上电 100ms 后对 SRAM 进行初始化操作，在调试时发现 SRAM 初始化使能信号的有效不是在 FPGA 上电后的 100ms 出现。

原因分析　由于该设计使用反熔丝器件，此器件不支持信号声明初始化方式，在上电时时间控制寄存器 init_cnt 为不确定值，但对 SARM 的初始化操作依赖于 init_cnt 的初值，而随机的 init_cnt 会导致上电延时时间不定，无法保证可靠的初始化。

设计启示　对于使用反熔丝器件的 FPGA，对特定的寄存器应由上电复位进行初始化，以保证可靠的初始化。

6.4.4.2　异步复位释放时应采用同步释放的方式

问题描述　由于复位信号与时钟关系不确定，如果异步复位信号在触发器时钟有效沿附近"释放"，会导致触发器输出亚稳态，从而影响设计的可靠性。在异步复位释放时应采用同步释放的方式，即使用同步后的复位信号实现脱离复位的操作，以过滤异步复位释放时的亚稳态。

原因分析　FPGA 程序实现时，当外部复位信号由有效电平变为无效电平时，即 FPGA 脱离复位状态时，没有采用时钟对外部复位信号同步，而是直接进入脱离复位操作，易产生亚稳态，致使任务执行错误。

设计启示　在异步复位释放时应采用同步释放的方式，即使用同步后的复位信号实现脱离复位的操作，避免异步复位释放时的亚稳态。

6.4.4.3　根据功能实现考虑是否进行复位

问题描述　在测试某 FPGA 设备的"上电读外部 RAM 数据参数"功能时，模拟外部 RAM 数据参数出现异常，测试结果显示上电读 RAM 中数据正确。

原因分析　FPGA 设计中只有当重新复位或数据参数读取成功后，才能将相关寄存器清零。而缺少判断分支，当读取数据参数字错误时，会将相关寄存器清零，导致在异常情况下的功能错误。

设计启示　FPGA 上电时，需将所有内部寄存器初始化，同时当 FPGA 检测到外部信号出现异常时，也须将相关寄存器初始化。

6.4.4.4　组合逻辑作为复位信号时应该被同步

问题描述　对某 FPGA 软件进行复位干扰测试时，发现波特率与规定波特率有偏差。

原因分析　该 FPGA 软件的发送波特率由 ready 信号控制，ready 产生的驱动代码：

```
always @ (negedge rst or posedge clk) begin
    if( ! rst) begin
        ready < = 1'b0 ;
    else
        ……
end
```

由于 rst 是由组合逻辑产生的信号，该设计采用了异步逻辑，rst 作为异步复位信号，当 rst 信号存在干扰时 always 进程中寄存器复位，这样将导致 ready 信号提前被截止。

设计启示　用组合逻辑实现复位电路容易产生毛刺，会对寄存器产生误复位。组合逻辑作为复位信号时应该被同步。

6.4.4.5　保证一定长度的复位有效时间

问题描述　对某 FPGA 软件进行测试时发现，FPGA 复位异常。

原因分析　同步复位信号在第一个时钟采样沿到来之前已经有效，从而导致系统没有正常复位，如图 6 - 87 所示。

设计启示　为了正确地实现系统复位，对于同步复位，复位信号的有效时常必须大于时钟周期，对于异步复位，应能保证复位释放时能被时钟正确采样。

6.4.4.6　复位信号产生时应考虑异常情况的处理

问题描述　对某 FPGA 软件复位设置进行异常复位测试时，发现该设备存在异常复位风险。

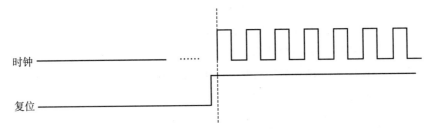

图 6 - 87　时钟与复位时序图

原因分析　在系统上电后，FPGA 应产生不小于 1 ms 的复位脉冲信号对 CPU 复位。程序实现时通过计数器对上电复位时间计时，当计数值小于 0xFFF 时，计数值加 1，当计数值到 0xFFF 后，计数值保持不变，程序判断到计数值大于 0xFFF 时输出 CPU 上电复位信号 RST_cpu。如果当计数器的值等于 0xFFF 后，由于外部干扰跳变到小于 0xFFF 的值，会使判断语句"if（wait_cnt＜0xFFF）"再次成立，而使复位信号再次产生，出现异常复位。

而如果将语句"wait_cnt＜＝wait_cnt；"改为"wait_cnt＜＝0xFFFF；"这样即使出现某一位的数值发生跳变的情况，跳变后的值也一样大于 0xFFF，而且在下一个时钟后又会将 wait_cnt 值赋为 0xFFFF，所以除非在一个时钟周期内最高 4 位和其他位至少一位同时由 1 跳变为 0 时才会产生异常的复位信号，从而大大降低了产生异常复位信号的几率。

可靠性低的实现	可靠性高的实现
if（wait_cnt ＜ 0xFFF）then 　　RST_cpu ＜＝ '0'； 　　wait_cnt ＜＝ wait_cnt ＋ 1'b1； else 　　RST_cpu ＜＝ '1'； 　　wait_cnt ＜＝ wait_cnt； end if；	if（wait_cnt ＜ 0xFFF）then 　　RST_cpu ＜＝ '0'； 　　wait_cnt ＜＝ wait_cnt ＋ 1'b1； else 　　RST_cpu ＜＝ '1'； 　　wait_cnt ＜＝ 0xFFFF； end if；

设计启示　设计人员经常会让计数器保持上一个值，如果这样就算产生了一个影响数据判断的跳变也不会被修复，而随着时间的积累，如果还让计数器保持上一个值，总会产生一个有影响数据判断的跳变，因此在设计时，应该使产生的异常跳变尽快恢复成为正确的值，以防止系统出现异常。

6.4.4.7　复位条件设计不合理，可能导致程序一直复位

问题描述　在系统上电后，FPGA 应产生 12.5 μs 的复位脉冲信号对 CPU 进行复位。程序实现时通过计数器对上电复位时间计时，当计数值小于 200 时，计数值加 1，当计数到 200 后，计数值保持不变，程序判断到计数值等于 200 时输出上电复位信号 cpu_ reset1。代码实现如下：

```
if(cpu_reset_counter＜8'd200)
    cpu_reset_counter＜＝cpu_reset_counter＋1;
else
    cpu_reset_counter＜＝cpu_reset_counter;
```

由于程序实现时对计数器的值采用的是判等的方法，代码如下：

```
assign cpu_reset1=(cpu_reset_counter==8'd200)? 0:1;
```

如果计数器的值由于外部干扰跳变到大于 200 的值，而计数器 cpu_reset_counter 会一直保持不变，因此上电复位信号 cpu_reset1 一直输出 1，CPU 将一直处于上电复位状态。

问题分析　该问题主要原因是没有对条件中的所有分支进行覆盖，对于部分异常的条件分支没有处理。

设计启示　设计人员经常认为计数器从 0 增加计数时一定会计数到 200，因此只设计在计数值等于 200 时的处理分支，但 FPGA 在实际使用时有时会由于单粒子翻转或外部干扰等情况出现计数器跳变的现象，因此在设计时应将所有的分支都覆盖到，以防止系统出现异常。

6.4.4.8　小结

复位是 FPGA 实现恢复性和初始化操作的重要手段，复位操作的可靠性直接关系着 FPGA 设计的可靠性，FPGA 复位及初始化设计应注意：

1）应尽量使用复位进行初始化；

2）应尽量避免使用组合逻辑直接产生复位信号；

3）异步复位时应进行同步释放；

4）异步复位信号应该考虑同步、宽度检测等抗干扰设计；

5）复位操作不仅考虑上电复位，还应考虑功能实现过程中的必要复位，如为避免错误扩大化而进行的复位或初始化。

6.4.5　设计约束类

6.4.5.1　根据应用要求选择正确的芯片级别

问题描述　某单粒子测试器 FPGA 芯片级别选择不是设计规定的工业级，而是商业级。

原因分析　在布局布线时未按照设计要求选择芯片，而选择了默认的商业级芯片型号。

设计启示　注重 FPGA 布局布线时的芯片级别选择。

6.4.5.2　防止三模冗余措施失效

问题描述　某 FPGA 产品对地址译码功能和 OC 指令数据比对功能作了三模冗余设

计，实现时通过设计三个相同的模块，然后通过三取二确定输出结果，但是在综合报告中发现三模冗余设计并没有实现。

原因分析 在 FPGA 代码设计中，调用 3 个完全相同的模块实现地址译码功能和 OC 指令数据比对功能的三模设计，但是由于三个模块完全相同，在综合优化时两个模块被删除了，综合网表中只留下了一个功能模块，失去了三模冗余的作用。

设计启示 通过寄存器信号设置 syn_preserve 属性为 true，可以阻止触发器被移除，防止三模的寄存器被综合器优化。

6.4.5.3 关注 IO 驱动等配置项目

问题描述 某存储器接收端接收的数据帧多出两个字节的数据。

原因分析 FPGA 的 16 位并行输出端口驱动能力过小（4mA），时钟信号的上升沿过于缓慢，上升过程中容易受到干扰；当 16 位数据同时跳变时，会引起电器"地"或 Vcc 波动，使得时钟信号由 2 V 下降到 0.8 V 的 4 ns 期间产生毛刺，使接收端误动作，多产生上升沿，导致数据增多。

设计启示 FPGA 设计除程序外，应关注 IO 驱动等配置。

6.4.5.4 小结

设计约束在 FPGA 设计中的编码、综合、布局布线时都可能涉及，约束的正确与否直接关系 FPGA 的功能及时序实现。设计约束时应该注意：

1）设计约束中应该使用正确的芯片等级；

2）三模冗余设计时，要正确约束，保证三模有效实现；

3）I/O 约束需满足设计要求，如驱动能力等；

4）在对时序余量有要求的情况下，应对时序进行约束。

6.4.6 健壮性设计类

6.4.6.1 应分析条件分支的所有可能情况

问题描述 某 FPGA 当地址分配空间为 0x0000～0xEFFF 时，判断 SRAM 片选信号 CS_SRAM 有效，如图 6-88、图 6-89 所示。程序实现时通过地址的高四位进行判断，当判断高四位不为 0xF 时，即设置 SRAM 片选信号 CS_SRAM 有效。此时当地址高 8 位为高阻"ZZZZZZZZ"时，也会将 SRAM 的片选信号设置为有效。由于程序中对 SRAM 片选判断方式不合理，导致片选信号误有效。

原因分析 该问题主要原因是没有考虑到地址信号的异常情况，导致 SRAM 片选信号误有效。

设计启示 设计人员应当认真分析条件分支的所有可能情况，并对相应情况进行处理，避免造成对特殊情况的漏判。

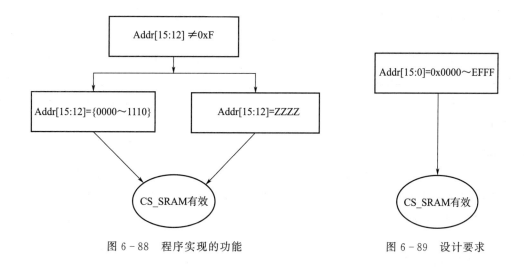

图 6-88　程序实现的功能　　　　图 6-89　设计要求

6.4.6.2　应考虑区间范围边界值

问题描述　数据的有效范围为 $[-1023,1023]$，但是程序实现的范围为 $(-1023,1023)$，导致数据为有效边界值，程序计算的值出错。

原因分析　程序进行边界值判断的时候，没有确定开区间和闭区间，导致边界值判断错误。

设计启示　边界值判断时，确定边界值的有效性。

6.4.6.3　防止数据帧错误的扩大化

问题描述　对某 FPGA 进行数据帧接收异常测试时，当模拟主机下发错误控制指令时，FPGA 无响应动作，再之后主机下发所有控制命令均不响应，导致 FPGA 失控。

原因分析　FPGA 没有容错机制，若在命令接收过程中出现多数或者丢数现象时，接收的命令可能会出现拼帧现象，导致之后 FPGA 接收 CPU 发送的每组命令组合都会出现错误。

设计启示　当 FPGA 执行的命令长度较长，CPU 需要多次执行写操作才能写一个命令时，应注意多次写操作排列的正确性，FPGA 接收该命令组合时应该有容错机制，确保 FPGA 接收到的命令字没有拼帧现象，并且不会发生错误蔓延。

6.4.6.4　需考虑计数器使用冲突和意外累计

问题描述　某 FPGA 设计要求，在启动 A 工作段程序后，外部输入连续 m 个对时脉冲信号，当 FPGA 收到第 n 个对时脉冲信号后进行零点对时（$n \leqslant m$），在 A 工作程序段转入 B 工作程序段后，外部再次发送连续 m 个对时脉冲，当 FPGA 接收到第 n 个对时脉冲信号后进行对时。在程序实现时，A 工作段程序和 B 工作段程序使用一个计数器对对时信号进行计数，且未设置超时判断，可能会出现在 B 工作段对时计数器累计 A 工作程序段的无效对时脉冲，导致对时错误。

原因分析　A 工作段程序和 B 工作段程序使用同一个计数器对对时信号进行计数，并且未设置超时判断，如果在启动 A 工作段程序时，外部向 FPGA 只输入 k 个对时脉冲 ($k < n$)，此时对时脉冲信号个数不满足设计要求的判断条件，FPGA 不需执行对时功能，但该计数值会累积到 B 工作段，导致 B 工作段只要在接收到 $(n-k)$ 个对时脉冲信号，FPGA 就会执行对时功能，导致错误对时。

设计启示　程序使用计数器进行计数时，应明确计数对象，若存在多个对象同时使用一个计数器，则考虑计数器的使用是否会发生冲突和意外累计。

6.4.6.5　小结

FPGA 设计时，要充分考虑各种错误、异常情况下的健壮性设计，特别是高可靠性、安全性设计中，以保证在出现错误或异常情况下，FPGA 设计也能满足要求：

1）对于可能的条件分支，应判断条件分支的所有可能情况，并在异常情况下进行正确处理；

2）要关注数据边界值的处理，避免边界情况下的错误；

3）在典型应用中，当出现异常或错误时应进行隔离，保证不影响后续数据处理器功能实现；

4）除法运算应考虑除数、被除数为零情况时的处理；

5）信号变量尽量一物一用，避免同一信号变量被不同逻辑使用，如存在这种情况，应避免使用的冲突。

6.4.7　状态机类

6.4.7.1　对状态机中的无效状态必须进行适当处理

问题描述　程序在设计状态机时，应设计 others 状态，以消除由干扰信号引起的异常状态对状态机的影响。但程序实现中，设计状态机时并没有设计 others 状态，无法有效地滤除总线干扰信号，容易引起状态机死锁，如图 6 - 90 所示。

原因分析　对状态机中无效的状态必须进行适当的处理，否则一旦由于某种原因进入无效状态，则会导致状态机死锁。在状态机设计时应充分考虑各种可能出现的状态，以及一旦进入非法状态后可以强制状态机在下一个时钟周期进入合法的状态，如图 6 - 91 所示。

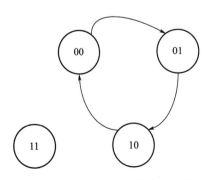

图 6 - 90　未设置 others 状态的状态机

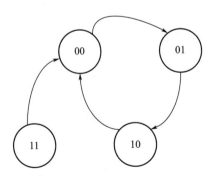

图 6 - 91　设置 others 状态的状态机

设计启示　程序设计状态机时，必须对无效的状态进行适当的处理，对于 VHDL，状态机必须有 others 项，对于 Verilog，状态机必须有 default 项。

6.4.7.2　状态机在综合时应对综合属性进行适当的设置

问题描述　程序在对 RTL 代码进行综合时，未对状态机安全模式进行设置。

原因分析　程序在对 RTL 代码进行综合时，未对状态机安全模式进行设置，当状态机由于单粒子翻转到异常状态后，无法恢复至正常状态，造成状态机锁死，程序功能无法正确实现。

设计启示　对于状态机中的无效状态的处理一般是在"others"或"default"语句中实现的，很多设计人员认为在 RTL 代码中对状态机的无效状态进行了处理，在综合时使用默认设置就没有问题，但是综合器默认的设置一般是不会将状态机自动补全的，这会导致"others"或"default"语句中实现的功能有时在实际综合后不会被实现。因此对 RTL 代码进行综合时，应对状态机的安全模式进行设置。

6.4.7.3　状态机跳转不应仅依赖外部信号

问题描述　对某 FPGA 软件进行功能测试时发现，状态跳转依赖外部反馈信号，可能造成状态机死锁。

原因分析　FPGA 在对外部 A/D 芯片进行控制时采用状态机方式实现，在其中的一个状态对 A/D 芯片的反馈信号（BUSY）进行判断的时序图如图 6 - 85 所示，只有此反馈信号满足要求后才会进行状态机跳转，否则一直等待，如果此反馈信号出现问题，状态机会发生死锁现象。

设计启示　在进行状态机设计时，状态机跳转不应仅依赖外部信号，如果外部信号出现问题，就会出现状态机死锁现象，必要时可以对外部信号的判断做超时处理。

未超时保护	超时保护

when "011" = >
 　if(busy_fall = '1')then
 　　state< = "100";
 　else
 　　state< = "011";
 　end if;
	when "011" = >
	 　if(busy_fall = '1'or cnt > = wait_time)then
	 　　state< = "100";
	 　　cnt　 < = (others = >'0');
	 　else
	 　　cnt　 < = cnt + x"0001";
	 　　state< = "011";
	 　end if;

6.4.7.4　确保设计中状态机被正确识别

问题描述　状态机未被识别，未实现安全模式。

原因分析　综合软件没有识别出设计的状态机信号。

设计启示　需要核对综合报告，对未识别的状态机通过增加综合约束，指定该信号为状态机。

6.4.7.5　状态机设计存在多余状态，导致产生的同步信号出现错误

问题描述　在设计状态机时，应该对需要的状态数和触发信号进行确定，避免状态机错误。

FPGA 需要对 3 个字节判断，当一帧 3 个字节的数据正确时给出同步正常标志，在程序实现时，进行数据判断的状态机中有 5 个状态，2 个为多余的状态，使用字节接收完成信号触发状态机，当判断完 3 个字节后还需要进入其他状态但此时一帧数据已接收完成，只有等待接收下一帧数据时才能继续进入状态机运行，在接收到第二帧数据的第 2 字节时给出同步标志，但此时第二帧数据还未接收完成，不明确数据是否正常，导致同步标志出现错误。

原因分析　上述问题的原因是没有明确状态机状态的数量，导致同步信号在接收到第二帧数据时才产生。在设计状态时应该对状态进行规范，对所需要的状态个数进行明确，避免状态机存在多余的状态，以免影响功能的实现或在状态机跳转时出现异常。

设计启示　上述问题其实是编码规范的问题。在进行状态机设计时，应对状态机所需的状态进行充分的考虑，避免出现错误。

6.4.7.6　小结

状态机是数字电路时序逻辑设计时常用的设计手段，也是 FPGA 设计中常用的方法，在进行状态机设计时应注意：

1）对状态机中的无效状态进行合理处理；

2）综合时设置正确的综合属性，保证状态机安全模式能够实现；

3）状态机的跳转条件不应依赖外部输入信号；

4）保证设计的状态机能被综合器正确识别。

6.4.8　编码规范类

6.4.8.1　避免存在冗余代码或不可达分支

问题描述　程序中条件语句设置应合理，不能出现不可达条件，否则可能影响程序功能。程序实现时，对 SDRAM 满标志进行判断时，设置的判断条件大于计数器 cnt 可达的上限，此时判断条件将永远无法满足，导致 FPGA 无法设置 SDRAM 满标志。

原因分析　该问题主要原因是没有对未覆盖的条件分支进行处理，导致程序中出现了不可达的条件分支。

设计启示　在 FPGA 设计时应对未覆盖的分支进行处理，将所有的分支都覆盖到，以防止程序中出现分支不可达的情况。

6.4.8.2　组合逻辑信号输出应寄存器化

问题描述　在对某 FPGA 软件进行编码规则检查时发现，组合逻辑信号输出未寄存器化。

原因分析　图 6-92 所示的模块 A 和模块 B 的输出没有通过寄存输出后直接使用，使得输出信号之间没有确切的时序关系，会导致如图 6-93 所示的毛刺。

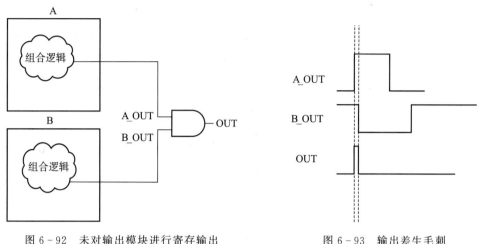

图 6-92　未对输出模块进行寄存输出　　　　　　　图 6-93　输出差生毛刺

设计启示　对组合逻辑信号输出应寄存器化，如图 6-94 所示的模块 A、模块 B 的输出均应进行寄存，避免毛刺。

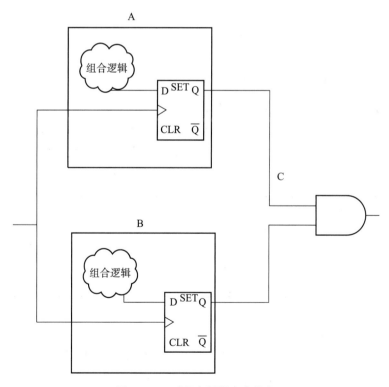

图 6-94　对组合逻辑寄存输出

6.4.8.3　运算符两端数据位宽应一致

问题描述　在对某 FPGA 软件进行编码规则检查时发现，运算符两端数据位宽不一致。

原因分析　寄存器 AD_data 为 12 位宽，在 CPU 读 A/D 采集数据时 cpu_data 寄存器仅为 8 位宽，导致 CPU 读出的 A/D 采集数据精度下降。

```
reg [11：0] AD_data;
reg [7：0] cpu_data;
always @ (negedge rst or posedge clk) begin
    if (! rst)
        ……
    else if (! cpu_rd) begin
        case (cpu_addr)
            8'h00: cpu_data <= AD_data;
            ……
        endcase
    end
    else
        ……
end
```

设计启示　运算符两端数据位宽应保持一致。

6.4.8.4　进程中敏感信号列表应完整正确

问题描述　在对某 FPGA 软件进行编码规则检查时发现，进程中的敏感列表不完整。

设计启示　进程中的敏感列表不完整、不正确会导致仿真和综合后实现不一致，甚至功能实现错误。在 FPGA 编码中，应保证进程中的敏感列表完整正确。

敏感列表不完整	敏感列表完整
always@ (a or b) begin 　　y = a & b & c; end	always@ (a or b or c) begin 　　y = a & b & c; end

6.4.8.5　FPGA 设计中应避免非预期的锁存器

问题描述　FPGA 设计中可以使用触发器的情况下使用了锁存器。

```
data_reg <= data when en = '1'else data_reg;
```

该语句用于实现数据寄存器功能，当 en 为高电平时，数据 data 输入 data_reg 寄存器中；反之，寄存器 data_reg 值保持不变。综合器会将 en 作为锁存器的使能信号，将采用以上行为描述的情况对应为锁存器的行为特点。以上代码最终会被综合为锁存器。

产生锁存器的实现	无锁存器的实现

data_reg $<$ = data when en $=$ '1' else data_reg;	always@(posedge clk)
	　　if(en)
	data_reg $<$ = data;
	　　else
	data_reg $<$ = data_reg;

设计启示　锁存器是电平触发的存储器，在使能信号有效期间，任何对数据的干扰都会直接反映到锁存器的输出，从而降低对毛刺的过滤能力。正确的处理应该尽量使用对数据干扰有较好过滤能力的触发器来代替锁存器。

6.4.8.6　小结

编码过程是 FPGA 设计中非常关键的过程，也是设计过程的最后一个过程，在开展编码设计时要摒弃软件设计的思想，关注编码的规范性以及代码在硬件电路中的实现特性。

1) 设计中避免存在冗余代码或不可达分支；

2) 设计内部避免使用三态逻辑；

3) 运算符两端数据位宽应一致；

4) 进程中敏感信号列表应完整正确；

5) 设计中应避免使用非预期的锁存器。

参 考 文 献

［1］ 潘锐捷，陈彪，刘西安．可编程逻辑器件的历程与发展［J］．电子与封装，2008（8）．

［2］ 蔡述庭，陈平，棠潮，吴泽雄．FPGA 设计——从电路到系统［M］．北京：清华大学出版社，2014．

［3］ 中央军委装备发展部．GJB9433—2018 军用可编程逻辑器件软件测试要求［S］．2018．

［4］ 中华人民共和国国家质量监督检验检疫总局，中国国家标准化管理委员会．GB/T33783—2017 可编程逻辑器件软件测试指南［S］．2017．

［5］ 王诚．设计与验证—Verilog HDL［M］．北京：人民邮电出版社，2006．

［6］ 狄超，刘萌．FPGA 之道［M］．西安：西安交通大学出版社，2017．

［7］ 乔庐峰，王志功．VHDL 数字电路设计教程［M］．北京：电子工业出版社，2005．

［8］ 吴厚航．FPGA 设计实战演练［M］．北京：清华大学出版社，2016．

［9］ Questa CDC User Guide，Mentor Graphics．

［10］ http：//www. gosinoic. com．

［11］ http：//www. isilicontech. com．

［12］ http：//www. gowinsemi. com. cn．

［13］ http：//www. anlogic. com．

［14］ 夏宇闻．Verilog 数字系统设计教程［M］．北京：北京航空航天大学出版社，2008．

［15］ 樊继明，陆锦宏．FPGA 深度解析［M］．北京：北京航空航天大学出版社，2015．